I0221804

Otto Boeddicker

Erweiterung der Gauss'schen Theorie der Verschlingungen mit Anwendungen in der Elektrodynamik

Otto Boeddicker

Erweiterung der Gauss'schen Theorie der Verschlingungen mit Anwendungen in der Elektrodynamik

ISBN/EAN: 9783743694668

Hergestellt in Europa, USA, Kanada, Australien, Japan

Cover: Foto ©berggeist007 / pixelio.de

Weitere Bücher finden Sie auf **www.hansebooks.com**

Alexander Ziwet

ERWEITERUNG

DER

GAUSS'SCHEN THEORIE

DER

VERSCHLINGUNGEN

MIT

ANWENDUNGEN IN DER ELECTRODYNAMIK.

Von

Dr. OTTO BOEDDICKER.

STUTTGART.

Stuttgart, Berlin, Leipzig.

Union Deutsche Verlagsgesellschaft.

ERWEITERUNG

DER

GAUSS'SCHEN THEORIE

DER

VERSCHLINGUNGEN

MIT

ANWENDUNGEN IN DER ELECTRODYNAMIK.

Von

Dr. OTTO BOEDDICKER.

STUTTGART.
VERLAG VON W. SPEMANN.
1876.

Druck von Gebrüder Müntler in Stuttgart.

SEINEM HOCHVEREHRTEN LEHRER

HERRN PROFESSOR DR. ERNST SCHERING

ALS EIN

ZEICHEN SEINER DANKBARKEIT

DER VERFASSER.

Die folgenden Untersuchungen wurden veranlasst durch den Beweis eines von Gauss ohne jede Andeutung eines solchen gegebenen Lehrsatzes, welchen Herr Professor Schering in seiner akademischen Vorlesung über Potentialtheorie im Wintersemester 1874/75 mittheilte.

Der betreffende Satz, aus Gauss' Nachlass abgedruckt im fünften Band seiner Werke (Nachlass, Zur Electrodynamik [4], pag. 605) lautet folgendermassen:

„Von der Geometria situs, die Leibnitz ahnte, und in die nur einem Paar Geometern (Euler und Vandermonde) einen schwachen Blick zu thun vergönnt war, wissen wir nach anderthalbhundert Jahren noch nicht viel mehr wie nichts.

„Eine Hauptaufgabe aus dem Grenzgebiet der geometria situs und der geometria magnitudinis wird die sein, die Umschlingungen zweier geschlossener oder unendlicher Linien zu zählen.

„Es seien die Coordinaten eines unbestimmten Punktes der ersten Linie x y z, der zweiten x' y' z', und:

$$\iint \frac{(x'-x)[dy\,dz'-dz\,dy']+(y'-y)[dz\,dx'-dx\,dz']+(z'-z)[dx\,dy'-dy\,dx']}{[(x'-x)^2+(y'-y)^2+(z'-z)^2]^{3/2}} = V,$$

dann ist dieses Integral, durch beide Linien ausgedehnt

$$= 4\,m\,\pi$$

und m die Anzahl der Umschlingungen.

„Der Werth ist gegenseitig, d. i. er bleibt derselbe, wenn beide Linien gegen einander umgetauscht werden.

1833. Jan. 22. —"

Der von Herrn Prof. Schering im Jahre 1867 aufgestellte Beweis dieses Satzes ergibt sich bei Gelegenheit potentialtheoretischer Entwicklungen.

Wie in Folgendem gezeigt werden wird, ist es nicht nöthig, auf Potentialtheorie zurückzugreifen; es genügt zum Beweise des Satzes allein schon der Begriff des „räumlichen Winkels", welchen Gauss in seiner Abhandlung „Allgemeine Theorie des Erdmagnetismus“ [1838. Werke, Bd. V Art. 38] eingeführt hat.

Es ist dies das räumliche Analogon desjenigen Winkels, unter welchem in der Ebene in irgend einem Punkte eine Curve erscheint.

Wir werden desshalb zunächst diesen Winkel, „den ebenen Winkel“, genauer untersuchen, umsomehr, als die hier bestehenden Lehrsätze fast sämmtlich ihre Analoga im Raume finden werden.

A. Theorie des ebenen Winkels.

I. Definition des ebenen Winkels und Darstellung desselben für offene und einfach geschlossene Curven.

Wir nennen den ebenen Winkel, unter welchem eine Linie in einem Punkte, dem Augenpunkte, erscheint, den Kreisbogen, welchen die von jenem

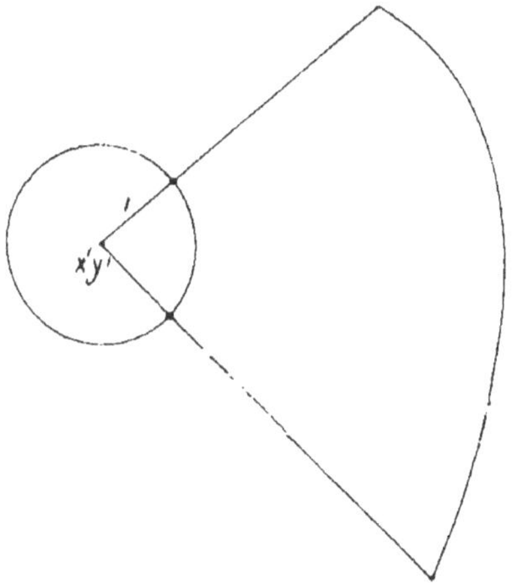

Punkte nach den Endpunkten der Linie gezogenen Strahlen aus der Peripherie eines, mit dem Radius Eins um den Augenpunkt beschriebenen Kreises herausschneiden.

Der Werth dieses ebenen Winkels hängt offenbar zunächst von der Lage des Augenpunktes zur Curve ab. Sodann wird er in wesentlicher Abhängigkeit von der Gestalt der Curve stehen.

Betrachten wir jedoch den ebenen Winkel nur einer Seite der Curve, so wird sich die Abhängigkeit vorzugsweise nur auf die Lage der Endpunkte der Curve erstrecken, da im andern Falle als Augenstrahlen eventuell die, vom Augenpunkte an die Curve gelegten Tangenten genommen werden müssen.

Einige speciellen Werthe des ebenen Winkels werden gleich anzuführen sein.

Ist eine Curve geschlossen, und liegt der Augenpunkt innerhalb der Curve, so ist der ebene Winkel der Aussenseite $= 0$, derjenige der Innenseite aber $= 2\pi$.

Liegt der Augenpunkt ausserhalb der Curve, so ist der ebene Winkel der Innenseite $= 0$, derjenige der Aussenseite — ausgeschnitten von den an die Curve vom Augenpunkte aus gelegten Tangentialstrahlen — gleich irgend einem bestimmten von der Gestalt der Curve und der Lage des Augenpunktes abhängigen Werth.

Bei geschlossenen Curven werden wir für gewöhnlich den ebenen Winkel nur der Innenseite der Curve in Betracht ziehen.

Liegt nun der Augenpunkt auf der Curve selber, und ist diese stetig gekrümmt, so dass in dem Augenpunkte eine Tangente existirt, so ist der ebene Winkel der Curve $= \pi$.

Liegt er aber auf einer von der Curve gebildeten Spitze, so ist der ebene Winkel gleich dem Kreisbogen, welchen die beiden, in dieser Spitze

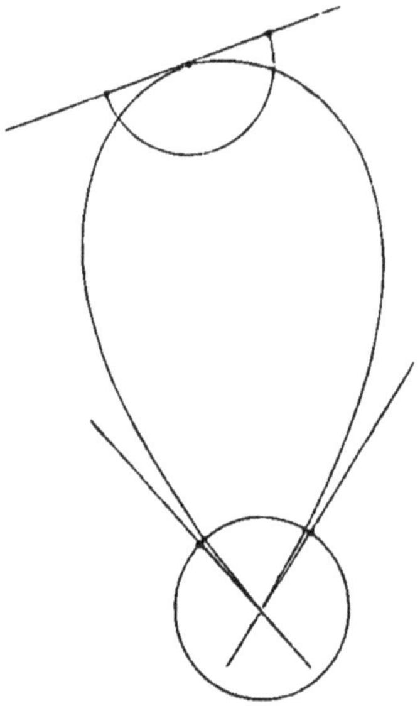

an die Curve gelegten Tangenten aus der Peripherie des um den Augenpunkt mit dem Radius 1 beschriebenen Kreises ausschneiden.

Verläuft endlich die Curve nach beiden Seiten in's Unendliche, bleibt aber beständig auf derselben Seite einer durch den Augenpunkt gelegten geraden Linie, so ist der ebene Winkel der diesem Punkte zugewandten Curvenseite wieder gleich π.

Es wird nun zunächst nöthig sein, einen Ausdruck für den ebenen Winkel einer Curve abzuleiten.

Sei S irgend eine stetig gekrümmte Curve, welche wir in der Zeichnung von unten nach oben positiv rechnen wollen. Sei x' y' der auf der linken Seite der Curve S liegende Augenpunkt, Σ die Peripherie des um denselben mit dem Radius 1 beschriebenen Kreises.

Dann wird durch die von jenem Punkte nach den Endpunkten des Curvenelementes d S gezogenen Strahlen aus der Peripherie Σ der ebene Winkel jenes Elementes, d Σ ausgeschnitten.

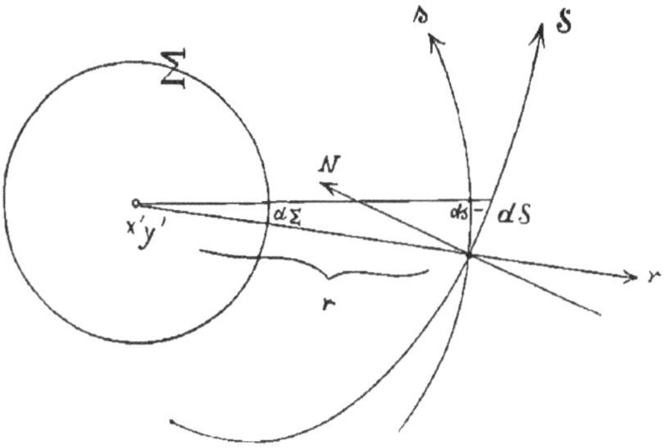

Sei r die Entfernung eines Punktes des Elementes d S vom Punkte x' y' — welche wir von x' y' nach d S positiv rechnen —, so beschreiben wir mit r als Radius um x' y' als Mittelpunkt einen Kreis s. Aus diesem werden die nach d S gezogenen Strahlen das Element d s ausschneiden, dessen ebener Winkel natürlich auch = d Σ ist.

Wir haben nun nach bekanntem Satze

$$d\Sigma = \frac{ds}{r} = \frac{d\log r}{dr}\, ds = -\frac{d\log\frac{1}{r}}{dr}\, ds.$$

Nun können wir ds auffassen als die senkrechte Projection des Elementes dS auf die Kreisperipherie s. Es ist mithin:

$$ds = dS\cos(ds, dS),$$

wenn wir mit (d s, d S) den Winkel zwischen d s und dS — welche wir in derselben Weise positiv rechnen — bezeichnen.

Ist nun N die Normale zu d S, welche wir mit Rücksicht auf die Richtung der Curve S stets nach links positiv rechnen, so können wir an Stelle des Winkels (d s, d S) den Winkel zwischen den zugehörigen Normalen r und N, also (r, N) einführen und erhalten somit

$$ds = dS\cos(r, N).$$

Hier sind nun ds und dS absolute Grössen. Es ist mithin auch vom Cosinus der absolute Werth zu nehmen. Da wir nun s in gleicher Weise positiv rechnen wie S, d. h. so, dass der Punkt x' y' auf der linken Seite von s liegt, so sehen wir, dass der Winkel (d s, d S) spitz, (r, N) aber stumpf ist. Wir müssen den Cosinus des letzteren also mit einem Minuszeichen versehen, und erhalten dann

$$ds = -dS\cos(r, N).$$

Tragen wir nun auf der Normale von ihrem Anfangspunkte an das

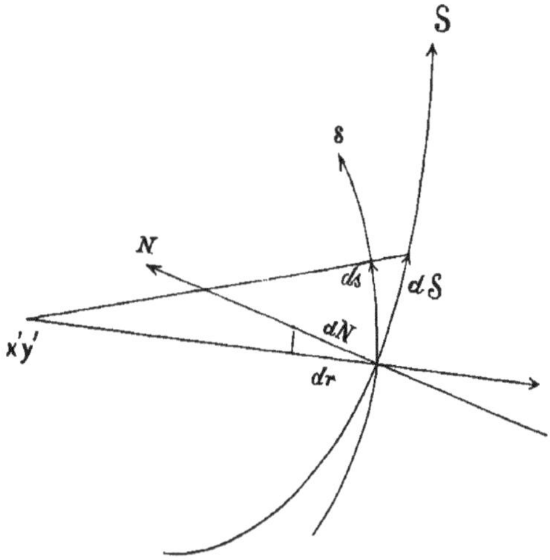

Stück d N ab und projiciren dasselbe auf r, so entsteht hier das correspondirende Differential d r. Es ist dann

$$\cos (r, N) = \frac{d\,r}{d\,N},$$

und zwar werden beide Seiten für einen stumpfen Winkel negativ, da $\frac{d\,r}{d\,N}$ als wirklicher Differentialquotient aufzufassen ist.

Wir haben also jetzt

$$d\,s = - \frac{d\,r}{d\,N}\, d\,S,$$

sowie, wenn wir diesen Werth von d s in die Formel für d Σ einführen,

$$d\,\Sigma = - \frac{d \log \frac{1}{r}}{d\,r}\, d\,s$$

$$= \frac{d \log \frac{1}{r}}{d\,r} \frac{d\,r}{d\,N}\, d\,S.$$

Hierfür haben wir unmittelbar, da $\log \frac{1}{r}$ eben nur durch r von N abhängen kann:

$$d\,\Sigma = \frac{d \log \frac{1}{r}}{d\,N}\, d\,S.$$

Diese Formel gibt also den Werth des ebenen Winkels an, unter welchem im Punkte x' y' das um r entfernte Curvenelement dS erscheint.

Hier haben wir nun angenommen, die Normale N sei auf x' y' zu — d. h. entgegengesetzt gerichtet wie r. Ist sie von x' y' ab, d. h. mit r gleichgerichtet, so ergibt sich unmittelbar — da dann die Winkel (d s, d S) und (r, N) gleichzeitig stumpf oder spitz sind —

$$d\,\Sigma = -\frac{d\log\frac{1}{r}}{d\,N}\,d\,S.$$

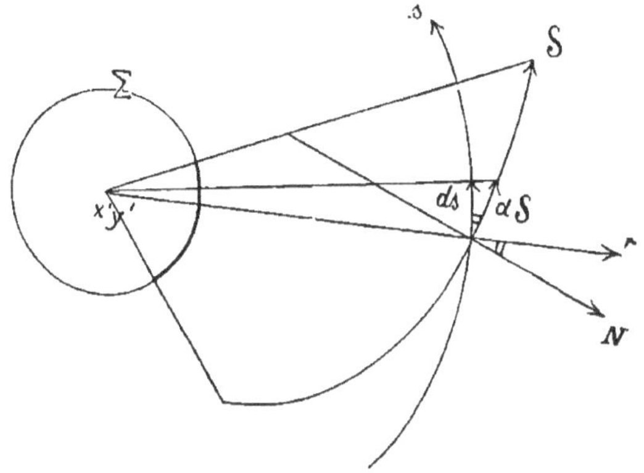

Um nun den ebenen Winkel der ganzen Curve S zu erhalten, haben wir die ebenen Winkel aller Curvenelemente d S zu summiren, d. h. haben wir rechts über die Curve S, links über dasjenige Stück der mehrerwähnten Kreisperipherie zu integriren, welches durch die nach den Eckpunkten der Curve S gezogenen Augenstrahlen ausgeschnitten wird. So erhalten wir, wenn die Normale N beständig auf x' y' zugewandt ist,

$$\int d\,\Sigma = \int \frac{d\log\frac{1}{r}}{d\,N}\,d\,S,$$

und wenn N beständig von x' y' abgewandt ist,

$$\int d\,\Sigma = -\int \frac{d\log\frac{1}{r}}{d\,N}\,d\,S.$$

Ist nun die Normale N theils dem Punkte x' y' zugewandt, theils von ihm abgewandt, d. h. bildet die Curve S eine Ausbuchtung, wie in

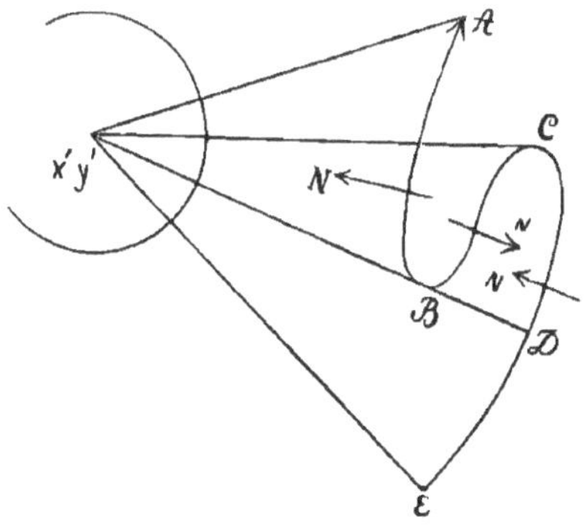

nebenstehender Figur bei B und C, so legen wir von x' y' an die Curve zwei Tangenten, welche dieselbe in B und C berühren, also gerade die Ausbuchtung ausschneiden. Natürlich kann S bei B und C auch Spitzen bilden, also die Gestalt einer Zickzacklinie besitzen, ohne dass die Betrachtung und das Resultat geändert würden. Dann ist der ebene Winkel der Strecke BC — auf welcher also N von x' y' abgewandt ist — negativ, derjenige aber der von denselben Strahlen ausgeschnittenen Strecke CD — auf welcher N nach x' y' hingewandt ist — jenem gleich, aber positiv. Wenn wir also den ebenen Winkel der ganzen Curve AE bilden, d. h. die ebenen Winkel der einzelnen Theile summiren, so zerstören sich die den Strecken BC und CD zugehörigen Theile, und es wird — wie dies auch unmittelbar zu erkennen — der ebene Winkel der ganzen Curve denselben Werth besitzen, als wenn die Curve gar keine Ausbuchtungen bildete.

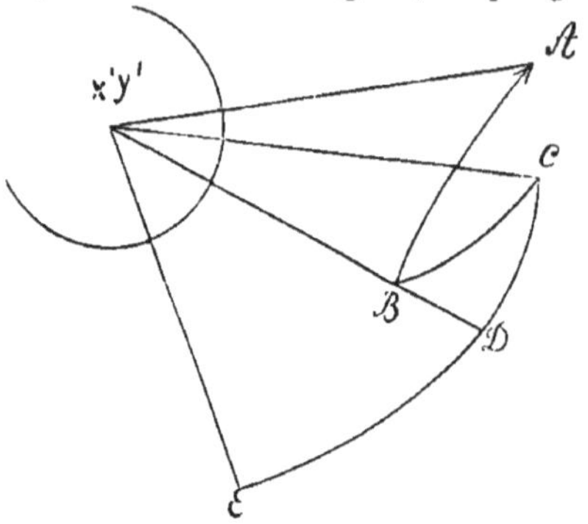

Ist nun die Curve S geschlossen, und liegt der Augenpunkt x' y' ausserhalb, so werden die einem Elemente dS entsprechenden Augenstrahlen die Curve eine gewisse Anzahl von Malen durchsetzen — in den Punkten 1 2 3 4 . . — und zwar ist diese Anzahl nothwendig eine gerade. Im Elemente dS_1 ist nun die Normale N_1 von x' y' abgewandt, im Elemente dS_2 ist N_2 zugewandt u. s. f.; wir erhalten mithin für alle von denselben beiden Strahlen ausgeschnittenen Curvenelemente:

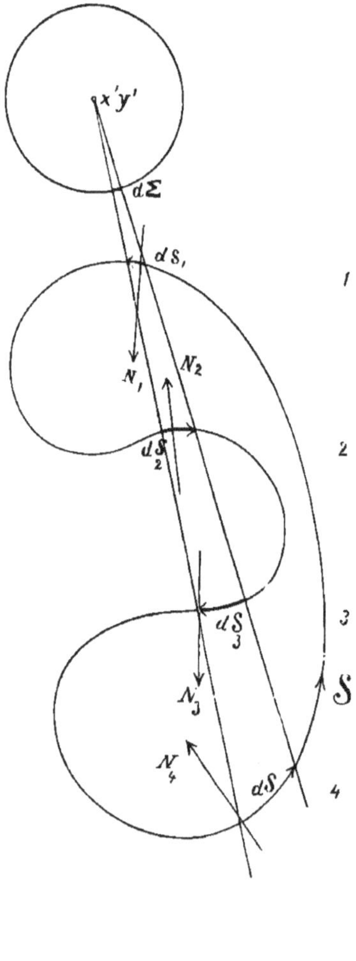

$$-d\Sigma = \frac{d \log \frac{1}{r_1}}{d N_1} dS_1$$

$$d\Sigma = \frac{d \log \frac{1}{r_2}}{d N_2} dS_2$$

$$-d\Sigma = \frac{d \log \frac{1}{r_3}}{d N_3} dS_3$$

$$d\Sigma = \frac{d \log \frac{1}{r_4}}{d N_4} dS_4 \quad \text{etc.}$$

Die Addition sämmtlicher Glieder ergibt also wegen der geraden Anzahl derselben

$$0 = \Sigma_{(S)} \frac{d \log \frac{1}{r}}{d N} d S,$$

wo die Summe über alle von denselben Strahlen ausgeschnittenen Curvenelemente auszudehnen ist.

Für zwei andere Strahlen werden wir analog erhalten:

$$0 = \Sigma_{(S^*)} \frac{d \log \frac{1}{r^*}}{d N^*} d S^*.$$

Summiren wir nun über alle diese Strahlen, welche von x' y' überhaupt nach Elementen der Curve gezogen werden können, so erhalten wir linker Hand den Werth Null; rechter Hand erhalten wir jedes Element der Curve S, und zwar jedes nur einmal. Die so entstehende Doppelsumme ist also nichts anderes als das über die Curve S erstreckte Integral

$$\int \frac{d \log \frac{1}{r}}{d N} d S.$$

Wir erhalten mithin für den Werth des ebenen Winkels einer geschlossenen Curve in Bezug auf einen ausserhalb liegenden Augenpunkt

$$0 = \int \frac{d \log \frac{1}{r}}{d N} d S.$$

Liegt nun der Punkt x' y' innerhalb der Curve S, so ist die Anzahl der Punkte 1 2 3 . . ., in welchen ein von x' y' ausgehender Strahl die

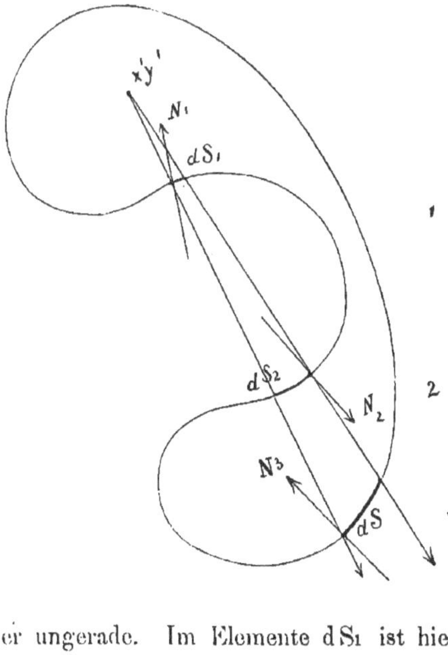

Curve trifft, immer ungerade. Im Elemente $d S_1$ ist hier die Normale nach x' y' hingewandt, im Elemente $d S_2$ abgewandt u. s. f. Wir haben also hier

für die von denselben Strahlen ausgeschnittenen Elemente d S die folgende ungerade Anzahl von Formeln:

$$+ d\Sigma = \frac{d \log \frac{1}{r_1}}{d N_1} d S_1$$

$$- d\Sigma = \frac{d \log \frac{1}{r_2}}{d N_2} d S_2$$

$$+ d\Sigma = \frac{d \log \frac{1}{r_3}}{d N_3} d S_3 \text{ etc.,}$$

deren Addition ergibt

$$d\Sigma = \Sigma_{(S)} \frac{d \log \frac{1}{r}}{d N} d S,$$

wo die Summation wie vorher über alle von denselben Strahlen ausgeschnittenen Curvenelemente auszudehnen ist. Summiren wir nun auch hier noch in Bezug auf alle diese Strahlen, so erhalten wir wie vorher rechts das über S erstreckte Integral

$$\int \frac{d \log \frac{1}{r}}{d N} d S.$$

Links ergibt sich in diesem Falle dass über die ganze Peripherie des um x' y' mit dem Radius 1 beschriebenen Kreises erstreckte Integral $\int d\Sigma$. Da nun dessen Werth $= 2\pi$ ist, so erhalten wir als Werth für den ebenen Winkel einer geschlossenen Curve in Bezug auf einen innerhalb derselben liegenden Augenpunkt

$$2\pi = \int \frac{d \log \frac{1}{r}}{d N} d S.$$

Auch hier erkennen wir, dass Ausbuchtungen der Curve, bei welchen also die Normalen theils dem Augenpunkte zu-, theils von ihm abgewandt sind, nur paarweis gleiche und dem Vorzeichen nach entgegengesetzte Terme unter dem Integrale hinzufügen, welche also, da sie sich gegenseitig zerstören, keine Aenderung an dem Werthe des Integrales hervorzubringen im Stande sind. —

Liegt nun x' y' auf der als stetig gekrümmt angenommenen Curve, so wird unter dem Integrale r einmal der Null gleich, die zu integrirende Function also einmal unendlich. Wir können diesen Fall also nicht als Gränzfall betrachten. Direct ergibt sich aber unmittelbar

$$\pi = \int \frac{d \log \frac{1}{r}}{d N} d S,$$

da der ebene Winkel, unter welchem eine geschlossene Curve in einem ihrer Punkte erscheint, nach den vorausgeschickten Bemerkungen stets $= \pi$ ist, wenn die Curve in diesem Punkte sich stetig krümmt, d. h. eine Tangente besitzt. —

II. Betrachtung des Falles mehrfach geschlossener Curven.

Die vorhergehende Entwickelung gilt für den Fall, dass die Curve S nur einfach geschlossen ist.

Ist die Curve mehrfach geschlossen, so können wir sie stets auffassen als einen Complex von mehreren einfach geschlossenen Curven, von denen immer zwei oder mehrere einen Punkt mit einander gemein haben — einen der Durchkreuzungspunkte der ganzen Curve S mit sich selbst. Haben die einzelnen Theilcurven mehrere Punkte mit einander gemein, so können wir sie uns durch Verschiebung stets in die einfache Lage gebracht denken, in welcher sie nur einen Punkt gemeinsam besitzen.

Liegt nun x' y' irgend wo innerhalb der mehrfach geschlossenen Curve S — welche also in nebenstehender Figur aus den Theilcurven S^1

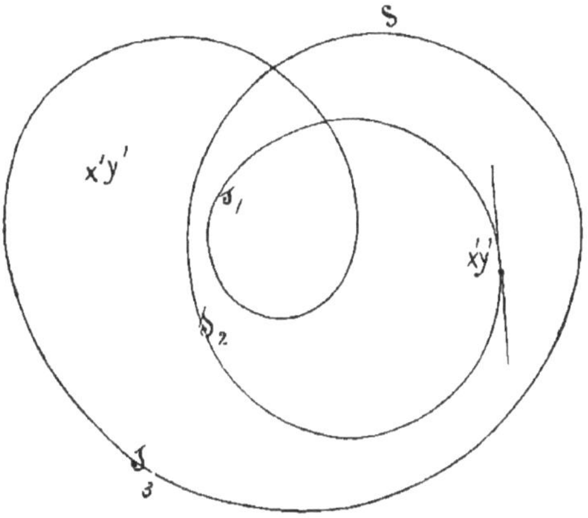

S_2 S_3 besteht —, so wird er in Bezug auf einige der Theilcurven als innerhalb, in Bezug auf andere als ausserhalb liegender Augenpunkt gelten. Beachten wir nun, dass der ebene Winkel der ganzen Curve S gleich der Summe der ebenen Winkel der Theilcurven sein muss, da unmittelbar besteht

$$\int \frac{d \log \frac{1}{r}}{d N} d S = \int^{(S_1)} \frac{d \log \frac{1}{r}}{d N} d S_1 + \int^{(S_2)} \frac{d \log \frac{1}{r}}{d N} d S_2 \text{ etc.}$$

sämmtliche Integrale in derselben Richtung genommen, — so können wir unmittelbar unsere vorhergehenden Sätze anwenden. Es sind also die Integrale rechter Hand je $= 0$, wenn x' y' ausserhalb der Integrationscurve liegt, je $= 2\pi$, wenn x' y' innerhalb der Integrationscurve liegt.

Es ist also der ebene Winkel einer mehrfach geschlossenen Curve S

$$\int \frac{d \log \frac{1}{r}}{d N} d S = 2 \pi . m,$$

wenn die Zahl m angibt, wie oft die Curve S den Augenpunkt x' y' umschliesst.

Liegt nun x' y' auf einer der Theilcurven S_1 S_2 ..., so tritt — wenn wir die Durchkreuzungspunkte ausschliessen — rechter Hand noch die Grösse $+\pi$ hinzu, wenn die Curve stetig gekrümmt ist.

Für einen Durchkreuzungspunkt als Augenpunkt lässt sich der Integralwerth nicht allgemein angeben, da derselbe von dem Winkel abhängt, unter welchem sich die Curve S durchkreuzt.

Nur in dem Falle, wo sich die Curve S in den Durchkreuzungspunkten berührt, tritt oben rechter Hand noch das Glied $+ n\pi$ hinzu, wenn n die Anzahl der sich in einem Durchkreuzungspunkte berührenden Curventheile.

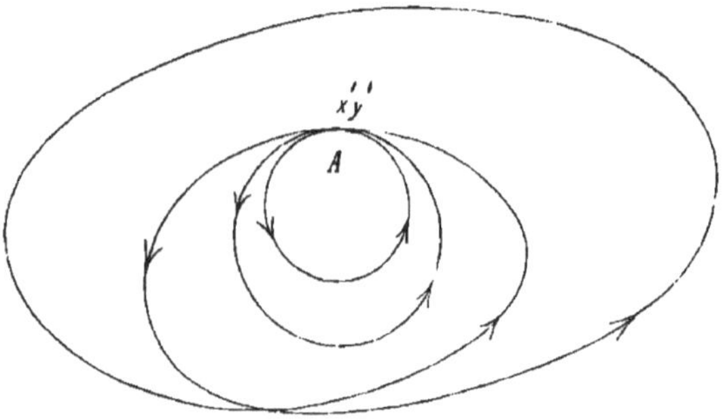

In nebenstehender Figur liege x'y' in dem Punkte A, in welchem sich drei Theilcurven berühren. Wir haben also hier, da eine Theilcurve den Punkt A noch umschliesst,

$$\int \frac{d \log \frac{1}{r}}{d N} \, d S = 2\pi + 3 . \pi.$$

Schliessen wir nun die singulären Durchkreuzungspunkte aus und nehmen wir an, die Curve S sei n-mal geschlossen, so erhalten wir, wenn x' y' entweder ausserhalb S, oder auf der ersten Theilcurve, oder innerhalb derselben, oder auf der zweiten Theilcurve, oder innerhalb dieser u. s. w. liegt, successive für das Integral

$$\int \frac{d \log \frac{1}{r}}{d S} \, d S:$$

folgende Werthe

$$0 , \pi , 2\pi , 3\pi , 4\pi \ldots (2n-1)\pi , 2n\pi . —$$

Wie das Resultat sich gestaltet, wenn die Theilcurven nicht die einfache Lage haben, sondern sich gegenseitig schneiden, ist leicht zu erkennen. —

III. Analytische Darstellung des Ausdruckes für den ebenen Winkel. Geometrische Interpretation.

Nicht ohne Interesse ist es, den Ausdruck für den ebenen Winkel einer Curve analytisch in den Coordinaten auszudrücken, da sich hier eine bemerkenswerthe geometrische Interpretation der unter dem Integralzeichen stehenden Function ergeben wird.

Schreiben wir unser Integral

$$\int \frac{d \log \frac{1}{r}}{dN} \, dS = -\int \frac{d \log r}{dN} \, dS = -\int \frac{1}{r} \cdot \frac{dr}{dN} \, dS$$

so haben wir zu beachten, dass, da r nur durch die Coordinaten des Elementes d S — welche wir x y nennen — von N abhängen kann, die Gleichung besteht

$$\frac{dr}{dN} = \frac{dr}{dx} \cdot \frac{dx}{dN} + \frac{dr}{dy} \frac{dy}{dN}$$

oder

$$= \frac{x-x'}{r} \cdot \frac{dx}{dN} + \frac{y-y'}{r} \cdot \frac{dy}{dN}$$

weil

$$rr = (x-x')^2 + (y-y')^2$$

Ferner haben wir unmittelbar, unserer Festsetzung über die positive Richtung der Curve S gemäss,

$$\frac{dx}{dN} \, dS = dS \cos(x, N)$$
$$= - dS \cos(y, dS),$$

da der Winkel (x, N) und der Winkel (y, d S) sich um π unterscheiden.

Es ist nun d S cos (y, d S) gleich der senkrechten Projection von d S auf die y-Achse, also gleich d y. Mithin ist

$$\frac{dx}{dN} \, dS = - dy.$$

Analog erhalten wir

$$\frac{dy}{dN} \, dS = dS \cos(y, N) = dS \cos(x, dS)$$
$$= + dx.$$

Nach alle diesem geht also unser Integral über in

$$-\int \frac{1}{r} \frac{dr}{dN} \, dS =$$

$$= -\int \left[(x-x') \frac{dx}{dN} \, dS + (y-y') \frac{dy}{dN} dS \right] \cdot \frac{1}{rr}$$

$$= -\int \left[- (x-x') \, dy + (y-y') \, dx \right] \cdot \frac{1}{rr}$$

$$= + \int \Big[(x-x')\, dy - (y-y')\, dx \Big] \cdot \frac{1}{rr}.$$

Hierfür können wir endlich auch schreiben, da die Differentiale nach S zu nehmen sind

$$\int \frac{d \log \frac{1}{r}}{dN}\, dS =$$

$$= \int \Big[(x-x') \frac{dy}{dS}\, dS - (y-y') \frac{dx}{dS}\, dS \Big] \cdot \frac{1}{rr}.$$

Nach einem bekannten Determinantensatze ist nun der Flächeninhalt eines Parallelogrammes, dessen eine Ecke im Coordinatenanfang liegt, und dessen beide anderen bestimmenden Ecken die Coordinaten $x_1\, y_1$ und $x_2\, y_2$ besitzen, gleich

$$\begin{vmatrix} x_1 & y_1 \\ x_2 & y_2 \end{vmatrix} = x_1\, y_2 - y_1\, x_2 .$$

Nun ist im obigen Integrale $(x-x')$ die Projection von r auf die x-Achse, $(y-y')$ diejenige von r auf die y-Achse. Ebenso ist $\frac{dy}{dS}\, dS$ die Projection von dS auf die y-Achse, $\frac{dx}{dS}\, dS$ diejenige von dS auf die x-Achse. Lassen wir also diese vier Grössen die Coordinaten von zwei Punkten bedeuten, und nehmen wir noch den Coordinatenanfang 00 hinzu, so erkennen wir, dass

$$(x-x') \frac{dy}{dS}\, dS - (y-y') \frac{dx}{dS}\, dS =$$

$$= \begin{vmatrix} (x-x') & (y-y') \\ \frac{dx}{dS}\, dS & \frac{dy}{dS}\, dS \end{vmatrix}$$

den Flächeninhalt eines Parallelogrammes bedeutet, dessen beide bestimmenden Seiten der Grösse und Richtung nach gleich r und dS sind.

Interpretiren wir nun auch den unter dem Integrale auftretenden Nenner $r\,r$ geometrisch, so erhalten wir

$$\int \frac{d \log \frac{1}{r}}{dN}\, dS = \int d\Sigma =$$

$$= \int \frac{\text{Flächen-Inhalt eines Parallelogrammes (Seiten} = r,\ dS)}{\text{Flächen-Inhalt des Quadrates} = r\,r.}$$

D. h. *Der Ausdruck für den ebenen Winkel, unter welchem in irgend einem Punkte eine Curve erscheint, ist gleich einem über diese Curve erstreckten Integrale, dessen jedes Element das Verhältniss der Flächeninhalte zweier ebenen Figuren bedeutet.* —

Durch Einführung von Polarcoordinaten ist es nun leicht, zu zeigen, dass im Falle einer um $x'\, y'$ einfach geschlossenen Curve S der Werth unseres Integrales $= 2\pi$ ist.

Wir setzen

$$x = x' + r\cos\varphi$$
$$y = y' + r\sin\varphi,$$

so ist also

$$x-x' = r\cos\varphi \quad ; \quad y-y' = r\sin\varphi$$
$$dx = -r\sin\varphi . d\varphi + dr . \cos\varphi$$
$$dy = r\cos\varphi . d\varphi + dr . \sin\varphi .$$

Mithin

$$(x-x')\,dy - (y-y')\,dx =$$
$$r\,r\cos^2\varphi . d\varphi + r\,dr . \sin\varphi . \cos\varphi$$
$$+ r\,r\sin^2\varphi . d\varphi - r\,dr . \sin\varphi . \cos\varphi$$
$$= r\,r\,(\sin^2\varphi + \cos^2\varphi)\,d\varphi = r\,r\,d\varphi .$$

Also ist

$$\int \frac{d\log\frac{1}{r}}{dN}\,dS = \int d\varphi$$

und dies ist, da bei einer einfach geschlossenen Curve zu integriren ist von $\varphi = 0$ bis $\varphi = 2\pi$:

$$= 2\pi .$$

Auch hier ist leicht zu erkennen, dass Ausbuchtungen der Curve ohne Einfluss auf das Resultat sind.

Liegt nun der Augenpunkt ausserhalb der Curve, so ist das Integral $\int d\varphi = 0$, da die Elemente unter demselben paarweise einander gleich und entgegengesetzt auftreten. Oder, wie wir auch sagen können, es verschwindet das Integral $\int \frac{d\log\frac{1}{r}}{dN}\,dS$, weil es über eine geschlossene Curve S erstreckt ist, und die Funktion unter demselben innerhalb der ganzen von S begränzten Fläche eindeutig, stetig und endlich bleibt. —

IV. Allgemeine Lehrsätze.

Aus dem bisher Gesagten ergeben sich nun mit Leichtigkeit folgende Bemerkungen.

Sind S S' S'' . . . *geschlossene Curven und existirt ein Punkt* x' y', *welcher gleichzeitig innerhalb aller dieser Curven liegt, so ist stets*

$$\int \frac{d\log\frac{1}{r}}{dN}\,dS = \int \frac{d\log\frac{1}{r'}}{dN'}\,dS' = \int \frac{d\log\frac{1}{r''}}{dN''}\,dS'' \text{ etc.}$$

wo r r' r'' . . . *die Entfernungen von* x' y' *resp. nach* dS dS' dS'' . . ., N N' N'' . . . *die nach innen gerichteten Normalen zu* dS dS' dS'' . . . *bezeichnen.*

Natürlich sind diese Integrale nur deshalb einander gleich, weil sie durch geschlossene Curven ausgedehnt sind und weil innerhalb aller dieser Curven der Punkt x' y' liegt — der ebene Winkel einer jeden Curve in diesem Punkte also $= 2\pi$ ist.

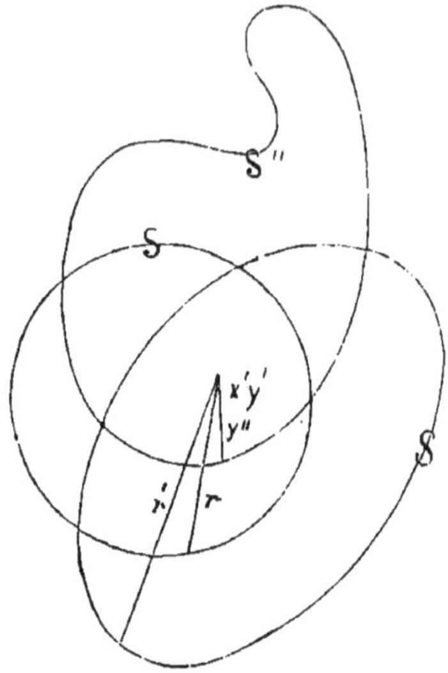

Aus gleichem Grunde besteht:

Sind S S' S'' ... *stetig gekrümmte einfach geschlossene Curven, welche*

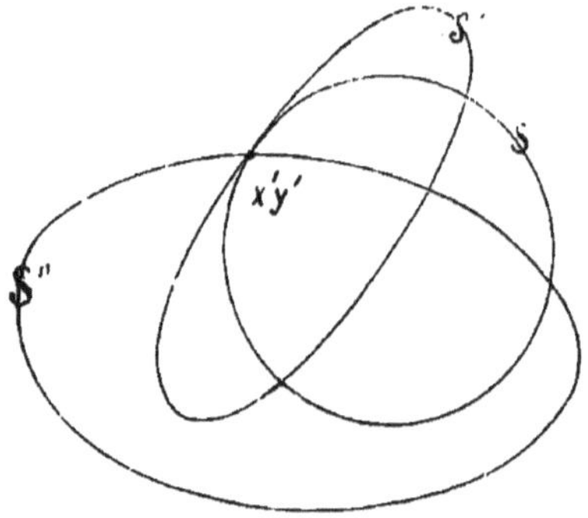

sich sämmtlich in einem und demselben Punkte x' y' *schneiden oder berühren, so ist stets*

$$\int \frac{d \log \frac{1}{r}}{d N} d S = \int \frac{d \log \frac{1}{r'}}{d N'} d S' = \int \frac{d \log \frac{1}{r''}}{d N''} d S'' \text{ etc.},$$

wo r r' r'' .. *die Entfernungen von* x' y' *resp. nach* dS dS' dS''... *bedeuten.*

Hier ist nämlich der Werth einer jeden der Integrale $= \pi$. Desshalb gilt der Satz nach der am Anfange dieses Theiles gemachten Bemerkung auch dann noch, wenn eine oder mehrere der Curven S, nach beiden Seiten in's Unendliche verlaufend, beständig je auf derselben Seite einer durch x' y' gelegten Geraden bleiben.

Einige interessante Sätze ergeben sich nun, wenn wir den Augenpunkt Curven und Flächen beschreiben lassen.

Ist S geschlossen und liegt x' y' innerhalb, so haben wir also

$$\int \frac{d \log \frac{1}{r}}{d N} d S = 2\pi.$$

Lassen wir nun x' y' irgend eine beständig innerhalb S verlaufende geschlossene oder nichtgeschlossene Curve S' beschreiben, so bleibt der Werth obigen Integrales beständig $= 2\pi$, da er unabhängig von der Lage des Augenpunktes innerhalb S ist. Multipliciren wir daher mit dem Elemente d S' und integriren wir über S', d. h. bilden wir für jeden Punkt der Curve S' das obige Integral und summiren wir alle diese Werthe, so ergibt sich unmittelbar

$$\int^{(S')} d S' \int^{(S)} \frac{d \log \frac{1}{r}}{d N} d S = 2\pi . S'$$

wenn S' die Länge der von x' y' beschriebenen Curve. Also:

Ist S eine geschlossene, S' irgend eine andere innerhalb S verlaufende Curve, bezeichnet r die Entfernung eines Elementes der Curve S' nach einem Elemente der Curve S, und N die nach innen gerichtete Normale zu S, so ist die Länge der Curve S' ausgedrückt durch das über diese beiden Curven erstreckte Doppelintegral

$$\frac{1}{2\pi} \int^{(S')} d S' \int^{(S)} \frac{d \log \frac{1}{r}}{d N} d S \quad . \; -$$

Liegt nun der Punkt x' y' ausserhalb der Curve S, so haben wir

$$\int \frac{d \log \frac{1}{r}}{d N} d S = 0.$$

Lassen wir also hier den Punkt x' y' irgend eine, beständig ausserhalb S verlaufende Curve S' beschreiben, so folgt

$$\int d S' \int \frac{d \log \frac{1}{r}}{d N} d S = 0.$$

Also:

Ist S eine geschlossene, S' irgend eine andere Curve, welche beständig ausserhalb S verläuft, so ist bei gleicher Bedeutung der Grössen r und N wie vorher das über beide Curven erstreckte Doppelintegral

$$\int d S' \int \frac{d \log \frac{1}{r}}{d N} d S$$

stets der Null gleich. —

Lassen wir nun x' y' eine Curve S' beschreiben, welche die Curve S durchsetzt, also nicht beständig innerhalb, noch lediglich ausserhalb S verläuft, und bilden wir dann für jeden Punkt der Curve S' das Integral

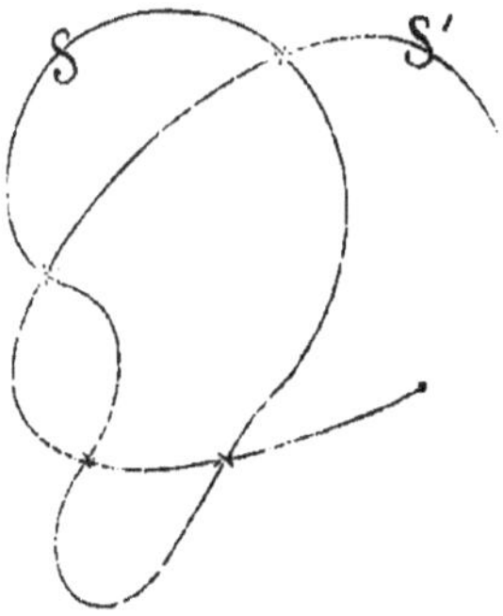

$\int \frac{d \log \frac{1}{r}}{d N} d S$, so ist dieses für alle ausserhalb S liegenden Curvenpunkte $= 0$, für alle innerhalb S liegenden Punkte von S' aber $= 2\pi$. Multipliciren wir also dieses Integral mit d S' und integriren über S', so erhalten wir als Werth des so entstehenden Doppelintegrales 2π, multiplicirt in die Länge des innerhalb S liegenden Stückes der Curve S'. Also:

Ist S' irgend eine Curve, welche die einfach geschlossene Curve S einmal oder mehrere Male durchsetzt, so ist die Summe der Längen der innerhalb S liegenden Theile der Curve S' ausgedrückt durch das über beide Curven erstreckte Doppelintegral

$$\frac{1}{2\pi} \int d S' \int \frac{d \log \frac{1}{r}}{d N} d S ;$$

wo r *die Entfernung von* dS' *nach* dS, N *die nach innen gerichtete Normale zu* d S.

Dieser Satz ist der allgemeinere, denn er umfasst offenbar die vorher angegebenen als spezielle Fälle.

Lassen wir nun die Curve S' geschlossen im innern von S verlaufen und lassen wir sie mit S zusammenfallen — so bedeutet das nur, dass wir den Augenpunkt x' y' auf der Curve S selbst fortschreiten lassen. Da aber dann der Werth des Integrales

$$\int \frac{d \log \frac{1}{r}}{d N} d S$$

wenn S stetig gekrümmt ist, beständig $= \pi$ ist, so ergibt sich unmittelbar

$$\int^{(S')} d S' \int^{(S)} \frac{d \log \frac{1}{r}}{d N} d S = \pi . S,$$

wenn d S' d S zwei Elemente derselben Curve S bezeichnen. Also:

Bezeichnen wir mit r *die Entfernung eines Elementes der einfach ge-*

schlossenen stetig gekrümmten Curve S *nach einem andern Elemente derselben Curve, mit* N *die nach innen gerichtete Normale zur Curve* S, *so ist die Länge dieser Curve ausgedrückt durch das über diese Curve* S *erstreckte Doppelintegral*

$$\frac{1}{\pi}\int d\,S'\int\frac{d\log\frac{1}{r}}{d\,N}\,d\,S,$$

wo also d S *und* d S' *zwei Elemente derselben Curve* S *bedeuten.* —

Ist nun S' eine geschlossene, innerhalb S verlaufende Curve, so können wir den Augenpunkt die von S' umschlossene Fläche $P_{S'}$ beschreiben lassen. Bilden wir also dann für jeden Punkt dieser Fläche unser Integral und summiren wir alle diese Werthe, so entsteht

$$\int d\,P_{S'}\int\frac{d\log\frac{1}{r}}{d\,N}\,d\,S = 2\,\pi\,.\,P_{S'}.$$

Durchkreuzen sich die beiden geschlossenen Curven S und S', und ist $P^*_{S'}$ das innerhalb S liegende Stück der Fläche $P_{S'}$, so ist sofort:

$$\int d\,P_{S'}\int\frac{d\log\frac{1}{r}}{d\,N}\,d\,S = 2\,\pi\,.\,P^*_{S'}.$$

Wir können also allgemein sagen:

Bezeichnet $P_{S'}$ *den von irgend einer Curve* S' *umschlossenen Flächenraum,* r *die Entfernung eines Elementes desselben nach dem Elemente einer*

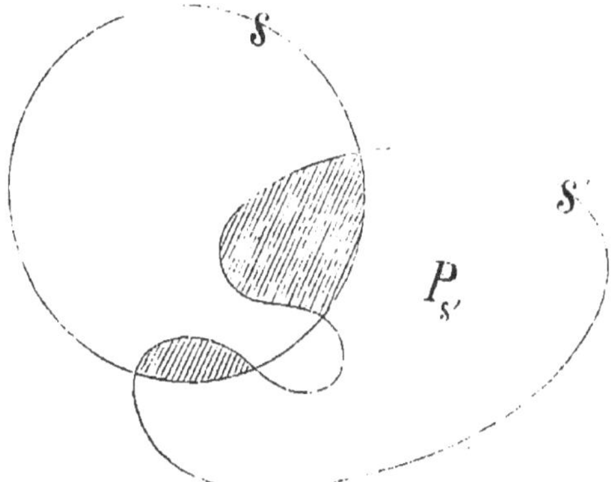

andern geschlossenen Curve S, *endlich* N *die nach innen gerichtete Normale zu* S, *so ist der innerhalb* S *liegende Theil von* $P_{S'}$ *ausgedrückt durch das Integral*

$$\frac{1}{2\,\pi}\int d\,P_{S'}\int\frac{d\log\frac{1}{r}}{d\,N}\,d\,S.$$

Bezeichnen wir endlich mit P_S den von S selbst begränzten Flächenraum — wo wir also die Begränzungscurve S selbst ausschliessen —, so erhalten wir unmittelbar:

Der von einer einfach geschlossenen Curve S *begränzte Flächenraum* P_S *ist dargestellt durch das über diesen Raum und über die Curve erstreckte Doppelintegral*

$$\frac{1}{2\pi}\int d\,P_s \int \frac{d \log \frac{1}{r}}{d\,N}\, d\,S,$$

wo r *die Entfernung von* $d\,P_s$ *nach* d S, N *die nach innen gerichtete Normale zu* d S *bedeutet.*

Wie leicht zu erkennen, gestalten sich die hier aufgestellten Sätze nicht so einfach, wenn wir für S eine mehrfach geschlossene Curve nehmen. Denn dann treten die einzelnen Theile der Curve S' oder der Fläche P_S. rechter Hand mit verschiedenen Factoren: 2π, 4π, 6π . . ., auf. Ebenso erhalten wir rechter Hand, wenn wir x' y' die aus den Theilcurven σ_1 σ_2 σ_3 . . . bestehende Curve S selber beschreiben lassen die Summe

$$\pi\sigma_1 + 3\pi\sigma_2 + 5\pi\sigma_3 \text{ etc.} —$$

V. Unstetigkeit des Ausdruckes für den ebenen Winkel. Satz über die Durchkreuzungen ebener Curven.

Ein höchst interessanter Satz ergibt sich, wenn wir das Integral

$$\int \frac{d \log \frac{1}{r}}{d\,N}\, d\,S = \int^{(S)} \frac{(x-x')\,d\,y - (y-y')\,d\,x}{(x-x')^2 + (y-y')^2}$$

wo nun S eine einfach geschlossene oder nicht geschlossene Curve, nach S' differentiiren, wenn S' wieder die vom Augenpunkte beschriebene Curve bedeutet.

Da nur die Coordinaten x' y' von S' abhängen und da wir wegen der Unabhängigkeit von S und S' direct unter dem Integrale differentiiren können, so ergibt sich sofort, wenn wir nach der Differentiation mit dem Differentiale d S' multipliciren

$$\frac{d}{d\,S'}\left[\int \frac{d \log \frac{1}{r}}{d\,N}\right] d\,S' =$$

$$\int^{(S)} \Big\{(x-x')\Big[(x-x')\,[dxdy' + dydx'] - (y-y')\,[dxdx' - dydy']\Big]$$
$$- (y-y')\Big[(y-y')\,[dxdy' + dydx'] + (x-x')\,[dxdx' - dydy']\Big]\Big\} \cdot \frac{1}{r^4}$$

oder

$$\frac{d}{dS'}\left[\int \frac{d \log \frac{1}{r}}{d\,N}\, d\,S\right] d\,S' =$$

$$= \int^{(S)} \Big\{ (x-x')^2\,[dxdy' + dydx'] - (y-y')^2\,[dxdy' + dydx']$$
$$- 2\,(x-x')\,(y-y')\,[dxdx' - dydy']\Big\} \cdot \frac{1}{r^4}$$

Ist nun S' eine geschlossene Curve, welche keinen Punkt mit der

Curve S gemein hat, so dass die Functionen unter den Integralzeichen endlich bleiben, so ergibt die über S' ausgeführte Integration

$$0 = \int\limits^{(S')}\int\limits^{(S)}\Big\{(x-x')^2\,[dx\,dy' + dy\,dx'] - (y-y')^2\,[dx\,dy' + dy\,dx'] - 2\,(x-x')\,(y-y')\,[dx\,dx' - dy\,dy']\Big\}\cdot\frac{1}{r^4},$$

da jene erste Seite ein vollständiges Differential ist.

Um für den Fall, dass sich die beiden Curven S und S' durchkreuzen, den Werth des obigen Doppelintegrales zu ermitteln, müssen wir vorher folgende Untersuchung der Unstetigkeit unseres Integrales $\int\frac{d\log\frac{1}{r}}{dN}dS$ anstellen.

Haben wir die Curve S, bei welcher die Normale nach irgend einer Seite positiv gerichtet ist, und befindet sich der Augenpunkt auf der Seite

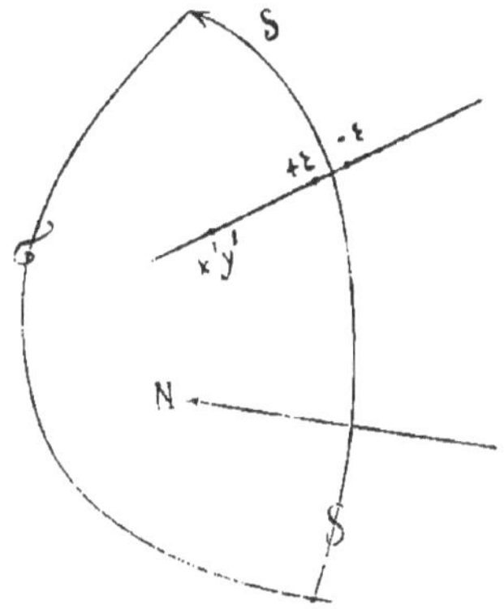

von S, von welcher die Normale ausgeht, so können wir diese Curve mit Hilfe der Curve σ zu der einfach geschlossenen Curve s stets so ergänzen, dass die Normale zu S, als Normale zu s betrachtet, nach dem Innern von s zu positiv gerichtet ist, und dass der Augenpunkt x'y' innerhalb der Curve s liegt. Dann ist offenbar

$$\int\limits^{(S)}\frac{d\log\frac{1}{r}}{dN}\,dS = \int\limits^{(s)}\frac{d\log\frac{1}{r}}{dN}\,ds - \int\limits^{(\sigma)}\frac{d\log\frac{1}{r}}{dN}\,d\sigma.$$

Wir lassen nun den Punkt x'y' auf irgend einer Linie durch S hindurch gehen und bezeichnen mit + ε und — ε die beiden, S unendlich nahe auf der positiven und negativen Seite liegenden analogen Punkte dieser Linie.

Bilden wir dann die Differenz der Werthe des obigen Integrales für diese beiden Punkte, so haben wir

$$\left[\int\limits^{(s)}\frac{d\log\frac{1}{r}}{dN}\,dS\right]_{+\varepsilon}-\left[\int\limits^{(s)}\frac{d\log\frac{1}{r}}{dN}\,dS\right]_{-\varepsilon}=$$

$$=\left[\int\limits^{(s)}\frac{d\log\frac{1}{r}}{dN}\,ds\right]_{+\varepsilon}-\left[\int\limits^{(s)}\frac{d\log\frac{1}{r}}{dN}\,ds\right]_{-\varepsilon}$$

$$-\left[\int\limits^{(\sigma)}\frac{d\log\frac{1}{r}}{dN}\,d\sigma\right]_{+\varepsilon}+\left[\int\limits^{(\sigma)}\frac{d\log\frac{1}{r}}{dN}\,d\sigma\right]_{-\varepsilon}.$$

Nun ist nach Früherem

$$\left[\int\limits^{(s)}\frac{d\log\frac{1}{r}}{dN}\,ds\right]_{+\varepsilon}=2\pi.$$

da hier $x' y'$ innerhalb s liegt; ferner

$$\left[\int\limits^{(s)}\frac{d\log\frac{1}{r}}{dN}\,ds\right]_{-\varepsilon}=0,$$

da hier $x' y'$ ausserhalb s liegt. Sodann ändert sich das Integral

$$\int\limits^{(\sigma)}\frac{d\log\frac{1}{r}}{dN}\,d\sigma$$

stetig beim Durchgange durch die Curve S, es heben sich also die Werthe desselben für die einander unendlich nahe liegenden Punkte $+\varepsilon$ und $-\varepsilon$ gegenseitig auf, und es bleibt

$$\left[\int\frac{d\log\frac{1}{r}}{dN}\,dS\right]_{+\varepsilon}-\left[\int\frac{d\log\frac{1}{r}}{dN}\,dS\right]_{-\varepsilon}=2\pi.$$

D. h. *Der Werth des ebenen Winkels, unter welchem in einem Augenpunkte eine Curve S erscheint, ändert sich sprungweise um 2π, wenn wir mit dem Augenpunkte durch die Curve S hindurchgehen.*

Diese Unstetigkeit unseres Integrales wird uns nun zu einem bestimmten Werthe des Doppelintegrales pag. 24 führen, wenn sich die beiden Curven S und S' durchkreuzen.

Betrachten wir zunächst den Fall Einer Durchkreuzung. So müssen wir vorab über den Sinn einer positiven oder negativen Durchkreuzung eine Festsetzung machen.

Die geschlossene Curve S' rechnen wir in bekannter Weise positiv. D. h. wenn wir durch Drehung und Verschiebung das Coordinatensystem in eine solche Lage bringen, dass die x-Achse die Curve berührt, die y-Achse mit der (nach der von S' begränzten Fläche hin positiv gerechneten) Normale zu S' coincidirt — so rechnen wir S' positiv nach der positiven Richtung der x-Achse.

Bei der offenen Curve S hängt es von unserer Willkür ab, nach welcher Richtung wir sie positiv rechnen wollen.

Wir rechnen sie nun allgemein stets positiv nach der positiven Richtung der x- und y-Achse, so dass die Richtung der Normale coincidirt im

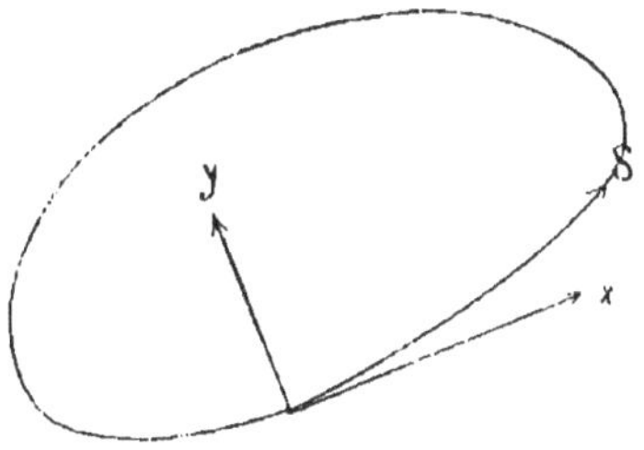

Allgemeinen mit der positiven Richtung der y- und der negativen der x-Achse.

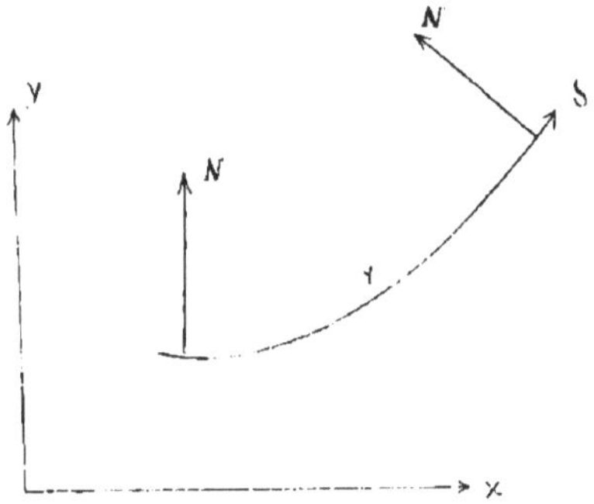

Die positive Seite von S ist also dann diejenige, nach welcher die Normale gerichtet ist, und wir sagen, S' durchkreuzt S in positivem Sinne,

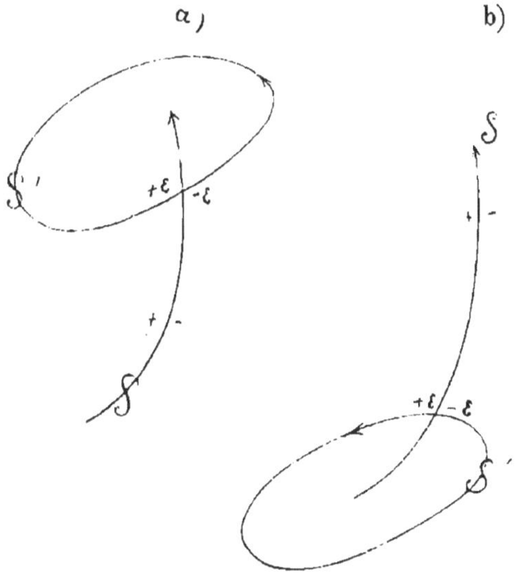

wenn die Richtung von S' der Richtung der Normale entgegengesetzt ist, die Durchkreuzung also von der positiven nach der negativen Seite von S hin stattfindet.

Dann würde in nebenstehender Figur a) die Durchkreuzung positiv, in b) aber negativ sein.

In a) beginnen wir die Integration in dem auf der negativen Seite von S unendlich nahe an S liegenden Punkte $-\varepsilon$ von S' und enden in dem auf der andern Seite analog liegenden Punkte $+\varepsilon$.

Wir erhalten also dann auf der rechten Seite unserer Gleichung

$$\int^{(S')}\int^{(S)}\Big\{(x-x')^2\,[dx\,dy'+dy\,dx'] - (y-y')^2\,[dx\,dy'+dy\,dx'] - 2(x-x')(y-y')\,[dx\,dx'-dy\,dy']\Big\}\cdot\frac{1}{r^4}$$

$$=\int^{(S')}\frac{d}{dS^1}\Big[\int\frac{d\log\frac{1}{r}}{dN}\,dS\Big]\,dS',$$

wenn wir die Integration ausführen und die an den Gränzen bestehenden Werthe substituiren:

$$\Big[\int\frac{d\log\frac{1}{r}}{dN}\,dS\Big]_{+\varepsilon}-\Big[\int\frac{d\log\frac{1}{r}}{dN}\,dS\Big]_{-\varepsilon}$$

und dies ist dem Vorausgeschickten gemäss $=\pi$.

Im Falle einer positiven Durchkreuzung haben wir also

$$\int^{(S')}\int^{(S)}\Big\{(x-x')^2\,[dx\,dy'+dy\,dx'] - (y-y')^2\,[dx\,dy'+dy\,dx'] - 2\,(x-x')(y-y')\,[dx\,dx'-dy\,dy']\Big\}\cdot\frac{1}{r^4} = 1\,.\,2\pi.$$

In b) beginnen wir die Integration in $+\varepsilon$ und enden in $-\varepsilon$, erhalten also auf der rechten Seite

$$\Big[\int\frac{d\log\frac{1}{r}}{dN}\,dS\Big]_{-\varepsilon}-\Big[\int\frac{d\log\frac{1}{r}}{dN}\,dS\Big]_{+\varepsilon}$$

und dies ist gleich -2π.

Im Falle einer negativen Durchkreuzung besteht also

$$\int^{(S')}\int^{(S)}\Big\{(x-x')^2\,[dx\,dy'+dy\,dx'] - (y-y')^2\,[dx\,dy'+dy\,dx'] - 2(x-x')(y-y')\,[dx\,dx'-dy\,dy']\Big\}\cdot\frac{1}{r^4}$$

$$=-1\,.\,2\pi.$$

Betrachten wir nun gleich den Fall mehrerer Durchkreuzungen.

In der folgenden Figur haben wir z. B. drei Durchkreuzungen: eine negative von $-\varepsilon_1$ nach $+\varepsilon_1$ und zwei positive von $+\varepsilon_2$ nach $-\varepsilon_2$ und $+\varepsilon_3$ nach $-\varepsilon_3$.

Beginnen wir die Integration bei $+\varepsilon_1$, — was willkürlich ist, wir

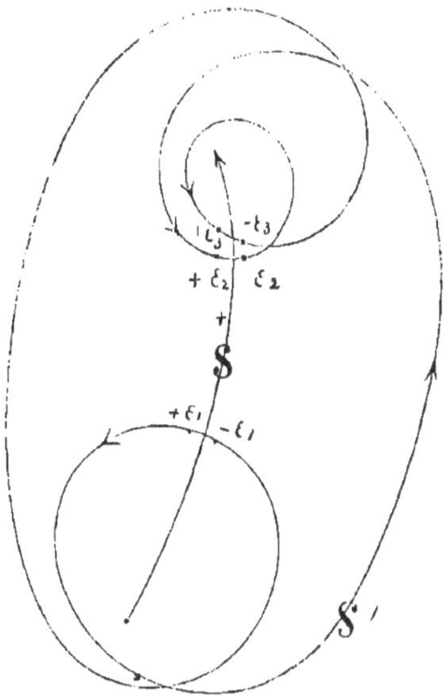

könnten auch bei $-\varepsilon_2$ oder $-\varepsilon_3$ beginnen so lautet die zweite Seite unserer Gleichung, wenn wir zur Abkürzung setzen

$$\int \frac{d \log \frac{1}{r}}{d N} \, d S = V$$

folgendermaassen

$$V_{+\varepsilon_2} - V_{+\varepsilon_1} + V_{+\varepsilon_3} - V_{-\varepsilon_2} + V_{-\varepsilon_1} - V_{-\varepsilon_3}$$

oder

$$[V_{+\varepsilon_2} - V_{-\varepsilon_2}] + [V_{+\varepsilon_3} - V_{-\varepsilon_3}] + [V_{-\varepsilon_1} - V_{+\varepsilon_1}].$$

Hier ist die erste Klammergrösse $= 2\pi$, die zweite ebenfalls $= 2\pi$, die dritte $= -2\pi$.

Wir erhalten also im Falle zweier positiven und einer negativen Durchkreuzung

$$\int^{(S')}\int^{(S)} \Big\{ (x-x')^2 \, [dx\,dy' + dy\,dy'] - (y-y')^2 \, [dx\,dy' + dy\,dx'] - 2(x-x')(y-y') \, [dx\,dx' - dy\,dy'] \Big\} \cdot \frac{1}{r^4}$$
$$= 2 \cdot 2\pi - 1 \cdot 2\pi.$$

Ist allgemein die Anzahl der positiven Durchkreuzungen $= m$, diejenige der negativen Durchsetzungen $= n$, so ist der Werth unseres Doppelintegrales

$$2\pi\,(m-n).$$

Also:

Ist S *eine beliebige Curve, deren Element die Coordinaten* x y *besitzt, ist*

S' eine beliebig geschlossene Curve, deren Element die Coordinaten x' y' *besitzt, bezeichnet* r *die Entfernung eines Punktes der Curve* S' *nach einem Punkte der Curve* S, *so ist der Werth des über beide Curven erstreckten Doppelintegrales*

$$\int^{(S')}\int^{(S)} \Big\{ (x-x')^2 \, [d\,x\,d\,y' + d\,y\,d\,x'] - (y-y')^2 \, [d\,x\,d\,y' + d\,y\,d\,x']$$
$$- 2\,(x-x')\,(y-y')\,[d\,x\,d\,x' - d\,y\,d\,y'] \Big\} \cdot \frac{1}{r^4}$$

gleich

$$2\,\pi\,(m-n),$$

wenn m *die Anzahl des positiven,* n *diejenige der negativen Durchkreuzungen beider Curven.* —

Der Werth des Integrales ist also $= 0$, wenn beide Curven keinen Punkt mit einander gemein haben, denn dann ist sowohl $m = 0$ als auch $n = 0$.

Ferner ist der Werth des Integrales $= 0$, wenn $m = n$ ist, d. h. ebensoviele positive wie negative Durchsetzungen stattfinden. Dieser Fall tritt stets ein, wenn beide Curven S und S' geschlossen sind, da dann die Durchkreuzungen paarweise mit entgegengesetzten Vorzeichen auftreten.

Soll also unser Doppelintegral einen von Null verschiedenen Werth besitzen, so darf jedenfalls nur eine der Curven geschlossen sein.

B. Theorie des räumlichen Winkels.

VI. Definition des räumlichen Winkels und Darstellung desselben für offene und einfach geschlossene Oberflächen.

Unter dem räumlichen Winkel, unter welchem in einem Augenpunkte ein Körper oder eine Oberfläche erscheint, verstehen wir das Flächenstück, welches die vom Augenpunkte nach allen Punkten der Begränzung der

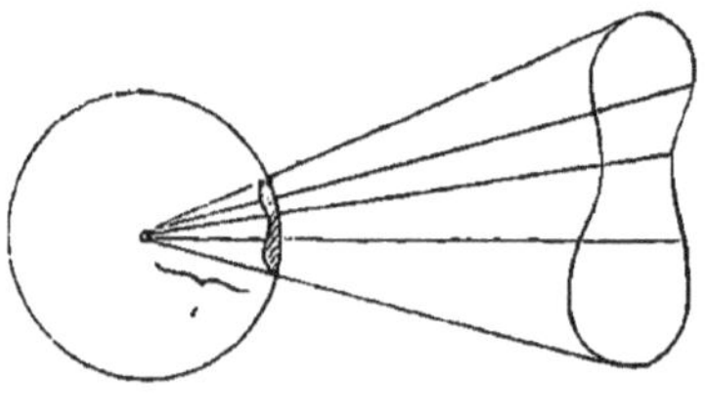

Fläche gelegten Strahlen — oder allgemein die vom Augenpunkte an den Körper gelegten Tangentialstrahlen aus der Oberfläche einer mit dem Radius 1 um den Augenpunkt beschriebenen Kugel ausschneiden.

Auch der Werth dieses Winkels wird abhängig sein von der Lage des Augenpunktes zum Objecte sowie von der Gestalt des Objectes.

Die hier am Anfang gleich zu erwähnenden speciellen Fälle sind die folgenden:

Ist Ω eine einfach geschlossene Fläche und liegt der Augenpunkt $x' y' z'$ ausserhalb des von Ω umschlossenen Raumes, so ist der räumliche Winkel der Innenseite $= 0$, der der Aussenseite gleich einem bestimmten von den an Ω gelegten Tangentialstrahlen ausgeschnittenen Werthe.

Liegt $x' y' z'$ innerhalb Ω, so ist der räumliche Winkel der Innenseite $= 4\pi$, derjenige der Aussenseite aber $= 0$.

Liegt $x' y' z'$ auf Ω selbst und ist Ω stetig gekrümmt, so ist der räumliche Winkel von Ω gleich 2π.

Ist Ω nicht stetig gekrümmt, bildet vielmehr im Punkte $x' y' z'$ eine Kante oder eine Spitze, so ist der räumliche Winkel gleich dem Stück der um $x' y' z'$ mit dem Radius 1 beschriebenen Kugeloberfläche, welches die in dieser Kante oder in dieser Spitze an Ω gelegten Tangentialebenen ausschneiden.

Ist endlich Ω eine nach allen Seiten sich in's Unendliche ausdehnende Fläche, welche beständig auf derselben Seite einer durch $x' y' z'$ gelegten Ebene bleibt, so ist der räumliche Winkel der $x' y' z'$ zugewandten Seite von Ω gleich 2π. —

Um einen Ausdruck für den räumlichen Winkel einer Oberfläche Ω zu erhalten, verfahren wir folgendermassen.

Sei r die Entfernung des Augenpunktes $x' y' z'$ nach dem Flächenelement $d\Omega$, sei Π die Fläche der mit dem Radius 1 um $x' y' z'$ beschrie-

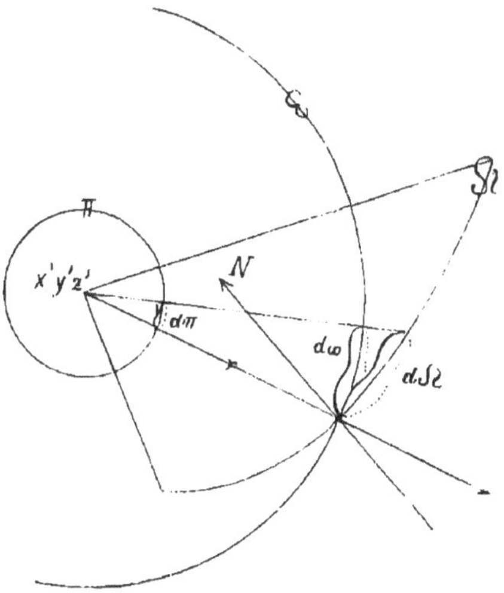

benen Kugel. Ziehen wir nach allen Punkten der Begränzung von Ω Strahlen von x' y' z' aus, so werden diese aus Π den räumlichen Winkel von $d\Omega$ ausschneiden; derselbe sei $d\Pi$. Wir beschreiben nun mit der Länge r als Radius eine Kugel um x' y' z' als Mittelpunkt, deren Oberfläche ω sei. So schneiden die, zu $d\Omega$ gehörigen Augenstrahlen aus dieser Kugeloberfläche das Element $d\omega$ aus, dessen räumlicher Winkel natürlich auch $d\Pi$ ist.

Wir haben nach bekanntem Satze

$$d\Pi = \frac{d\omega}{rr} = -\frac{d\frac{1}{r}}{dr}\,d\omega.$$

Nun können wir $d\omega$ auffassen als die senkrechte Projection von $d\Omega$ auf die Kugeloberfläche ω, wir haben also, wenn wir mit $(d\omega, d\Omega)$ den Winkel zwischen den beiden Flächenelementen bezeichnen

$$d\omega = d\Omega \cos(d\omega, d\Omega).$$

Wir verstehen unter dem Winkel zwischen zwei Flächenelementen den Winkel zwischen den beiden nach derselben Seite gerichteten positiven Seiten der Elemente.

Bezeichnen wir bei geschlossenen Oberflächen stets die innere Seite als die positive, bei unserer Fläche Ω die nach x' y' z' zugewandte Seite, so erkennen wir, dass obiger Winkel $(d\omega, d\Omega)$ ein spitzer ist.

Sei N die von der positiven Seite der Ω ausgehende Normale zu $d\Omega$, so haben wir, da r die Normale zu $d\omega$

$$d\omega = d\Omega \cos(r, N),$$

wo vom Cosinus der absolute Werth zu nehmen ist.

Da wir nun r von x' y' z' ab positiv rechnen, so ist der Winkel (r, N) stumpf, wenn $(d\omega, d\Omega)$ spitz ist, und umgekehrt, wir haben also zu setzen

$$d\omega = -d\Omega \cos(r, N).$$

Tragen wir jetzt vom Anfangspunkte der Normale auf derselben das Stück dN ab und projiciren dasselbe auf r, so entsteht hier das correspondirende Differential dr und wir haben

$$\frac{dr}{dN} = \cos(r, N)$$

wo beide Seiten für einen stumpfen Winkel negativ sind. Also ist

$$d\omega = -d\Omega\,\frac{dr}{dN}.$$

Substituiren wir diesen Werth $d\omega$ in unsere Formel für $d\Pi$, so folgt

$$d\Pi = \frac{d\frac{1}{r}}{dr}\,\frac{dr}{dN}\,d\Omega,$$

oder, da $\frac{1}{r}$ nur durch r von N abhängen kann,

$$d\Pi = \frac{d\frac{1}{r}}{dN}\,d\Omega.$$

Dies ist also der Ausdruck für den räumlichen Winkel, unter welchem im Augenpunkte x' y' z' das Flächenelement $d\Omega$ erscheint.

Hier haben wir angenommen, die Normale N sei auf x' y' z' zu, d. i.

entgegengesetzt gerichtet wie r. Ist sie mit r gleich, —, d. h. von x' y' z' abgerichtet, so erhalten wir offenbar

$$d\Pi = -\frac{d\frac{1}{r}}{dN}\,d\Omega.$$

Um nun den räumlichen Winkel der ganzen Fläche Ω zu erhalten, haben wir die räumlichen Winkel aller Elemente dΩ zu summiren, d. h. rechts über die Fläche Ω, links über das Stück der Kugeloberfläche Π zu integriren, welches von den von x' y' z' nach der Begränzung von Ω gezogenen Strahlen ausgeschnitten ist.

Wir erhalten also als räumlichen Winkel einer Fläche Ω, deren Normale beständig nach x' y' z' hin gerichtet ist:

$$\int d\Pi = \int\frac{d\frac{1}{r}}{dN}\,d\Omega,$$

und einer Fläche Ω, deren Normale beständig von x' y' z' abgewandt ist

$$\int d\Pi = -\int\frac{d\frac{1}{r}}{dN}\,d\Omega.$$

Also:

Der räumliche Winkel, unter welchem in einem Punkte x' y' z' *eine Oberfläche* Ω *erscheint, ist ausgedrückt durch das über diese Fläche erstreckte Integral*

$$\pm\int\frac{d\frac{1}{r}}{dN}\,d\Omega,$$

wo r *die Entfernung von* x' y' z' *nach dem Elemente* dΩ, N *die auf* x' y' z' *zu- oder von* x' y' z' *abgewandte Normale zu* dΩ *bedeuten.*

Wie leicht zu erkennen, erleidet dieser Satz keine Aenderung, wenn die Normale N bei derselben Fläche Ω theils auf x' y' z' zu-, theils von x' y' z' abgewandt ist, die Fläche Ω also Ausbuchtungen bildet wie in nachstehender Figur bei B und C.

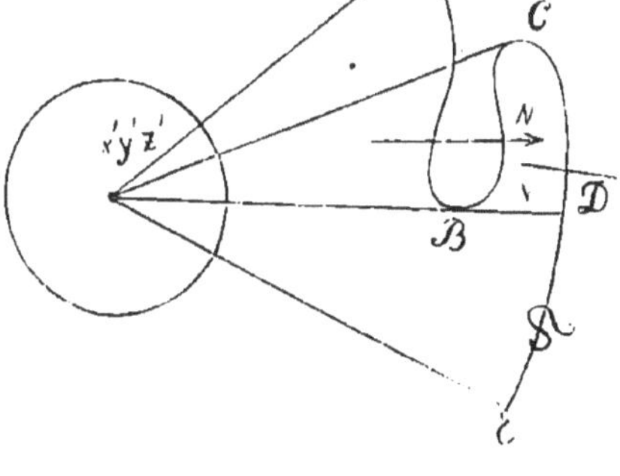

(Unsere Figur stellt natürlich nur den Durchschnitt einer durch den Augenpunkt gelegten Ebene — der Ebene der Zeichnung — mit der Fläche Ω dar.)

Es würde nämlich hier der räumliche Winkel des Flächentheiles B C, ausgeschnitten von den in den Krümmungen an Ω gelegten Tangenten, einen negativen Werth erhalten, da die Normale N hier beständig von x' y' z' abgewandt ist. Für den räumlichen Winkel des von denselben Strahlen ausgeschnittenen Flächenstückes D C ergibt sich derselbe Werth wie vorher, nur mit entgegengesetztem Vorzeichen versehen, da hier die Normale auf x' y' z' zugewandt ist. Mithin werden sich die den Flächentheilen D C und C B entsprechenden Glieder, wenn wir die Summe der räumlichen Winkel aller Flächentheile, d. h. den räumlichen Winkel der ganzen Fläche Ω bilden, gegenseitig zerstören, und wir erhalten für die ganze Fläche Ω denselben Werth des räumlichen Winkels, der stattfinden würde, wenn Ω gar keine Ausbuchtungen bildete.

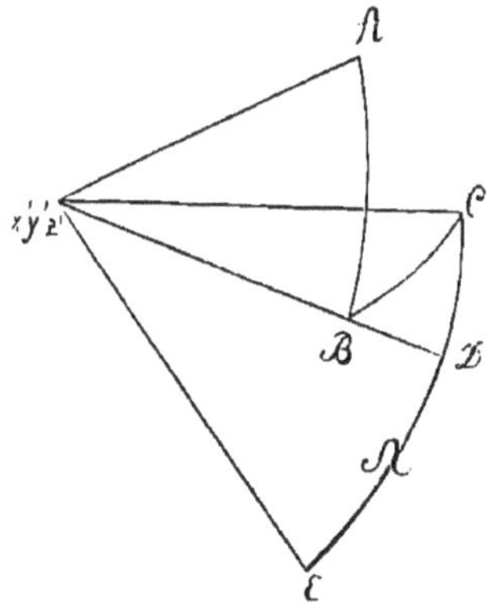

Die Betrachtung und das Resultat bleiben dieselben, wenn Ω in B und C scharfe Kanten bildet, der Durchschnitt der Ebene mit Ω also eine Zickzacklinie sein würde.

Ist nun die Fläche Ω geschlossen und liegt der Augenpunkt x' y' z' ausserhalb, so durchsetzt der von x' y' z' nach einem Flächenelemente $d\Omega$ gelegte Kegel die Oberfläche stets eine gerade Anzahl von Malen, in den Punkten 1 2 3 4 . . ., und schneidet successive die Elemente $d\Omega_1$ $d\Omega_2$ $d\Omega_3$ $d\Omega_4$ . . . aus, welche also sämmtlich denselben räumlichen Winkel $d\Pi$ (dem absoluten Werthe nach) besitzen. In $d\Omega_1$ ist nun die Normale N_1 von x' y' z' abgewandt, in $d\Omega_2$ ist N_2 nach x' y' z' hin gerichtet u. s. f. abwechselnd weiter.

Wir erhalten mithin

$$- d\Pi = \frac{d\frac{1}{r_1}}{dN_1} d\Omega_1$$

$$+\, d\Pi = \frac{d\frac{1}{r_2}}{dN_2}\, d\Omega_2$$

$$-\, d\Pi = \frac{d\frac{1}{r_3}}{dN_3}\, d\Omega_3$$

$$+\, d\Pi = \frac{d\frac{1}{r_4}}{dN_4}\, d\Omega_4 \text{ etc.}$$

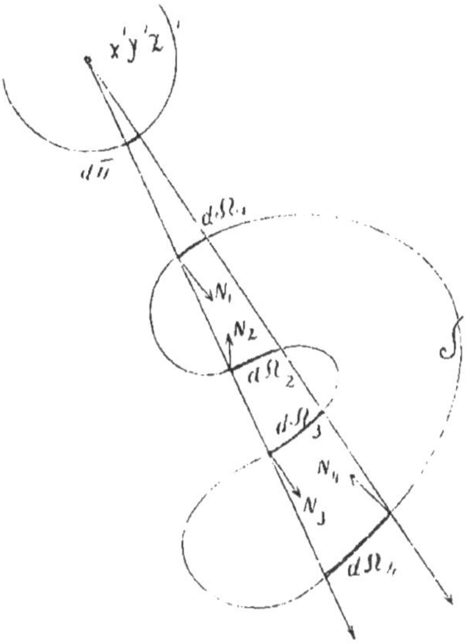

Summiren wir alle diese Werthe, so erhalten wir

$$0 = \Sigma\, \frac{d\frac{1}{r}}{dN}\, d\Omega,$$

wo die Summe über alle von einem Elementar-Kegel ausgeschnittenen Flächenelemente $d\Omega$ auszudehnen ist.

Construiren wir nun alle nur möglichen Elementarkegel, bilden wir für alle diese Kegel dieselben — sämmtlich der Null gleichen — Summen, und summiren wir alle diese Summen, so erhalten wir jedes Flächenelement $d\Omega$, und zwar jedes nur einmal. Die entstehende Doppelsumme ist also nichts anderes als das über Ω erstreckte Integral $\int \frac{d\frac{1}{r}}{dN}\, d\Omega$.

Es ergibt sich mithin als Ausdruck für den räumlichen Winkel, unter welchem die geschlossene Oberfläche Ω in dem ausserhalb liegenden Punkte $x'\, y'\, z'$ erscheint,

$$0 = \int \frac{d\frac{1}{r}}{dN}\, d\Omega.$$

Liegt x' y' z' innerhalb Ω, so trifft der von x' y' z' ausgehende Elementar-

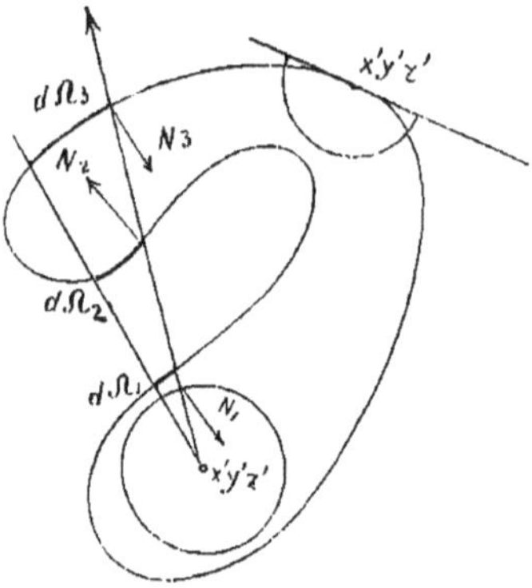

kegel die Fläche erst von innen, sodann von aussen u. s. f., und zwar ist die Anzahl der Durchsetzungen nothwendig ungerade.

Wir erhalten also analog wie vorher

$$+ \, d\Pi = \frac{d\frac{1}{r_1}}{dN_1} \, d\Omega_1$$

$$- \, d\Pi = \frac{d\frac{1}{r_2}}{dN_2} \, d\Omega_2$$

$$+ \, d\Pi = \frac{d\frac{1}{r_3}}{dN_3} \, d\Omega_3 \text{ u. s. w.}$$

Bilden wir hier die Summe über alle von Einem Elementarkegel ausgeschnittenen Flächenelemente d Ω, so folgt

$$d\Pi = \Sigma \frac{d\frac{1}{r}}{dN} \, d\Omega.$$

Summiren wir nun über alle von x' y' z' aus überhaupt möglichen Elementarkegel, so ergibt sich rechter Hand wieder das Integral $\int \frac{d\frac{1}{r}}{dN} \, d\Omega$. Links erhalten wir die über die ganze Oberfläche der um x' y' z' mit dem Radius 1 beschriebenen Kugel auszudehnende Summe $\Sigma \, d\Pi$, das ist also das Integral

$$\int d\Pi = 4\pi.$$

Wir erhalten mithin als Werth des räumlichen Winkels einer einfach geschlossenen Oberfläche in einem innerhalb derselben liegenden Augenpunkte

$$4\pi = \int \frac{d\frac{1}{r}}{dN} \, d\Omega.$$

Liegt nun x' y' z' auf der Fläche Ω selber — welche wir in folgendem stets als einfach geschlossen voraussetzen —, und existirt im Punkte x' y' z' eine Tangentialebene, so ergibt sich aus der geometrischen Bedeutung des Integrales, obgleich r einmal $= 0$ wird, als Werth des räumlichen Winkels der Oberfläche für diesen Punkt

$$2\pi = \int \frac{d\frac{1}{r}}{dN}\, d\Omega. \text{ —}$$

Die analytische Darstellung unseres Integrales (analog zu pag. 16 ff.) werden wir an einer andern Stelle geben. Bemerkt werde jetzt schon, dass sich hier nicht sofort wie vorher in der Ebene eine einfache geometrische Bedeutung der Function unter dem Integrale ergibt.

VII. Allgemeine Lehrsätze.

Zunächst stellen wir die Relationen hier zusammen, welche den für die ebenen Curven gültigen Sätzen (pag. 18 ff.) analog sind.

Auch hier folgt wieder daraus, dass der Werth des räumlichen Winkels einer geschlossenen Oberfläche für einen innerhalb derselben oder auf ihr liegenden Augenpunkt unabhängig von der Gestalt der Oberfläche ist:

Sind $\Omega\ \Omega_1\ \Omega_2 \ldots$ *mehrere einfach geschlossene Oberflächen, und existirt ein Punkt* $x'\ y'\ z'$, *welcher gleichzeitig innerhalb aller dieser Oberflächen liegt, so ist*

$$\int \frac{d\frac{1}{r}}{dN}\, d\Omega = \int \frac{d\frac{1}{r_1}}{dN_1}\, d\Omega_1 = \int \frac{d\frac{1}{r_2}}{dN_2}\, d\Omega_2 \ldots$$

wo $r\ r_1\ r_2 \ldots$ *die Entfernungen von* $x'\ y'\ z'$ *resp. nach* $d\Omega\ d\Omega_1\ d\Omega_2 \ldots$, $N\ N_1\ N_2 \ldots$ *die nach innen gerichteten Normalen zu* $d\Omega\ d\Omega_1\ d\Omega_2 \ldots$ *bedeuten.*

Ferner:

Sind $\Omega\ \Omega_1\ \Omega_2 \ldots$ *stetig gekrümmte einfach geschlossene Oberflächen, welche sich sämmtlich in demselben Punkte* $x'\ y'\ z'$ *schneiden oder berühren, so ist stets*

$$\int \frac{d\frac{1}{r}}{dN}\, d\Omega = \int \frac{d\frac{1}{r_1}}{dN_1}\, d\Omega_1 = \int \frac{d\frac{1}{r_2}}{dN_2}\, d\Omega_2 \ldots,$$

wo $r\ r_1\ r_2 \ldots$ *die Entfernungen von* $x'\ y'\ z'$ *resp. nach* $d\Omega\ d\Omega_1\ d\Omega_2 \ldots$, $N\ N_1\ N_2 \ldots$ *die nach innen gerichteten Normalen resp. zu* $d\Omega\ d\Omega_1\ d\Omega_2$ *etc. bedeuten.*

Auch dieser Satz bleibt noch bestehen, wenn eine oder mehrere der Flächen Ω, nach allen Richtungen ins Unendliche verlaufend, beständig je auf derselben Seite einer durch $x'\ y'\ z'$ gelegten unendlichen Ebene bleiben.

Lassen wir nun hier den innerhalb der geschlossenen Oberfläche Ω befindlichen Augenpunkt — in welchem Falle also ist

$$\int \frac{d\frac{1}{r}}{dN}\, d\Omega = 4\pi$$

— irgend eine, innerhalb Ω verlaufende, im Allgemeinen räumliche Curve S beschreiben, so erhalten wir, indem wir nach beiderseitiger Multiplication mit dS über die Curve S integriren, den folgenden Satz:

Ist Ω irgend eine einmal geschlossene Oberfläche, ist S *irgend eine beständig innerhalb Ω verlaufende Curve, bedeutet* r *die Entfernung eines Punktes dieser Curve nach einem Punkte jener Oberfläche, und* N *die nach innen gerichtete Normale zu Ω — so ist die Länge der Curve* S *ausgedrückt durch das Integral*

$$\frac{1}{2\pi}\int^{(S)} dS \int^{(\Omega)} \frac{d\frac{1}{r}}{dN}\, d\Omega. -$$

Verläuft nun die Curve S auf der Oberfläche Ω selber — welche wir dann stetig gekrümmt voraussetzen müssen —, ist also, wenn wir irgend einen Punkt der Curve als Augenpunkt betrachten

$$\int \frac{d\frac{1}{r}}{dN}\, d\Omega = 2\pi,$$

so ergibt sich:

Die Länge einer auf einer einfach geschlossenen stetig gekrümmten Oberfläche Ω verlaufenden Curve S *ist dargestellt durch*

$$\frac{1}{2\pi}\int^{(S)} dS \int^{(\Omega)} \frac{d\frac{1}{r}}{dN}\, d\Omega$$

wenn r *die Entfernung von* dS *nach* dΩ *bedeutet.*

Ferner ergibt sich unmittelbar:

Ist Ω irgend eine einfach geschlossene Oberfläche, S *irgend eine beständig ausserhalb Ω verlaufende Curve, so ist das Integral*

$$\int^{(S)} dS \int^{(\Omega)} \frac{d\frac{1}{r}}{dN}\, d\Omega.$$

stets $= 0$. *Hier bedeutet* r *die Entfernung von* dS *nach* dΩ.

Verläuft endlich S theils innerhalb, theils ausserhalb Ω, so ist für jeden Punkt der Curve S als Augenpunkt ausserhalb Ω $\int \frac{d\frac{1}{r}}{dN}\, d\Omega = 0$, für jeden innerhalb Ω liegenden Punkt von S aber ist der Werth dieses Integrales $= 4\pi$. Es ergibt sich mithin der allgemeine Satz:

Ist Ω eine einfach geschlossene Oberfläche, S *eine theils innerhalb, theils ausserhalb Ω verlaufende beliebige Curve, so ist die Summe der Längen der innerhalb Ω liegenden Curventheile ausgedrückt durch das Integral:*

$$\frac{1}{4\pi}\int^{(S)} dS \int^{(\Omega)} \frac{d\frac{1}{r}}{dN}\, d\Omega$$

Diese Sätze übertragen sich sofort auf diejenigen Fälle, wo der Punkt x' y' z' Flächen und Raumtheile beschreibt. Wir erhalten dann die Lehrsätze:

Der Flächeninhalt einer beliebigen, innerhalb der einfach geschlossenen Oberfläche Ω liegenden Fläche Ω' ist dargestellt durch das über beide Flächen erstreckte Integral

$$\frac{1}{4\pi}\int d\,\Omega'\int\frac{d\frac{1}{r}}{d\,N}\,d\,\Omega,$$

wo r *die Entfernung von* d Ω' *nach* d Ω.

Liegt die Oberfläche Ω' ausserhalb Ω, so ist der Werth dieses Integrales gleich Null

$$\int d\,\Omega'\int\frac{d\frac{1}{r}}{d\,N}\,d\,\Omega = 0.$$

Liegt die Fläche Ω' theils innerhalb, theils ausserhalb Ω, so stellt jenes Integral

$$\frac{1}{4\pi}\int d\,\Omega'\int\frac{d\frac{1}{r}}{d\,N}\,d\,\Omega$$

die Summe der Flächeninhalte der innerhalb Ω liegenden Theile von Ω' dar. —

Bezeichnet r *die Entfernung eines Elementes einer einfach geschlossenen stetig gekrümmten Oberfläche Ω nach einem andern Elemente* d Ω' *derselben Fläche, bezeichnet* N *die nach innen gerichtete Normale zu Ω, so ist der Flächeninhalt von Ω ausgedrückt durch das Integral*

$$\frac{1}{2\pi}\int d\,\Omega'\int\frac{d\frac{1}{r}}{d\,N}\,d\,\Omega,$$

wo also d Ω' *und* d Ω *zwei Elemente derselben Oberfläche bedeuten.* —

Der Rauminhalt T *eines innerhalb der einfach geschlossenen Oberfläche Ω liegenden Körpers ist gleich*

$$\frac{1}{4\pi}\int d\,T\int\frac{d\frac{1}{r}}{d\,N}\,d\,\Omega,$$

wo r *die Entfernung von* d T *nach* d Ω.

Liegt der Körper des Rauminhaltes T theils innerhalb, theils ausserhalb des von der einfach geschlossenen Oberfläche Ω begränzten Raumes, so ist die Summe der Rauminhalte der innerhalb Ω liegenden Theile von T *gleich*

$$\frac{1}{4\pi}\int d\,T\int\frac{d\frac{1}{r}}{d\,N}\,d\,\Omega.$$

Endlich haben wir noch den Satz:

Der von einer einfach geschlossenen Oberfläche Ω begränzte Rauminhalt T *ist dargestellt durch das über diesen Raum und über die Oberfläche erstreckte Doppelintegral*

$$\frac{1}{4\pi}\int d\,T\int\frac{d\frac{1}{r}}{d\,N}\,d\,\Omega. \text{ —}$$

VIII. Physicalische Deutung der gewonnenen Resultate.

Wir werden hier eine doppelte physicalische Interpretation unseres Integrales $\int \frac{d\frac{1}{r}}{dN} d\Omega$ näher betrachten.

Bekanntlich lassen sich die Componenten der Kräfte, welche nach dem Newton'schen Gesetze, d. i. umgekehrt dem Quadrate der Entfernung, direct dem Product der Massen proportional, wirken, als die nach der Richtung der Componenten genommenen partiellen Derivirten einer gewissen Function — der s. g. Potentialfunction — darstellen.

Diese Function hat bei zwei in der Entfernung r auf einander wirkenden Massen m_1 m_2 die Form $\frac{m_1 m_2}{r}$.

Allgemein können wir sagen:

Die Potentialfunction einer Masse in Bezug auf ein einzelnes Massentheilchen ist gleich dem Producte dieses Massentheilchens in die Summe der, jene wirkende Masse zusammensetzenden Massenelemente, jedes durch seine Entfernung nach dem Objecte dividirt.

Wir haben also als Ausdruck für die Potentialfunction in Bezug auf das Element m_1 die über alle wirkenden Massentheile m' auszudehnende Summe

$$m_1 \Sigma \frac{m'}{r}.$$

Bilden die Massen m' irgend einen stetigen Körper T, dessen Dichtigkeit $m''(x'y'z')$ sei, wenn $x'y'z'$ die Coordinaten eines Elementes von T, so geht der Ausdruck für die Potentialfunction in ein, über den Körper erstrecktes Integral über, nämlich in

$$m_1 \int \frac{m''(x'y'z')}{r} dT \text{ , wo}$$

$$rr = (x'-x_1)^2 + (y'-y_1)^2 + (z'-z_1)^2,$$

wenn wir mit x_1 y_1 z_1 die Coordinaten von m_1 bezeichnen.

Ist die Masse des wirkenden Elementes sowohl, als die des Objectes $= 1$, so lautet die Potentialfunction

$$\frac{1}{r}$$

und es sind $\frac{d\frac{1}{r}}{dx_1}$, $\frac{d\frac{1}{r}}{dy_1}$, $\frac{d\frac{1}{r}}{dz_1}$ die in die Richtung der Coordinatenachsen fallenden Componenten der Kraft.

Hiernach ist

$$\frac{d\frac{1}{r}}{dN} d\Omega$$

die in die Richtung der Normale fallende Wirkung, welche das Massentheilchen 1 auf das Flächenelement $d\Omega$ ausübt. Multipliciren wir mit m', so haben wir in $\frac{d\frac{m'}{r}}{dN}$ die entsprechende Wirkung der Masse m'. Es ist also

$$\frac{d\frac{m'}{r}}{dN}\,d\Omega$$

der Ausdruck für den von der Masse m' auf das in der Entfernung r befindliche Flächenelement $d\Omega$ ausgeübten Normaldruck.

Integriren wir nun über Ω, d. h. summiren wir alle diese einzelnen Normaldrucke, so erhalten wir in

$$\int\frac{d\frac{m'}{r}}{dN}\,d\Omega$$

den gesammten Normaldruck, welchen das Massentheilchen m' auf die Oberfläche Ω ausübt.

Haben wir nun statt des Massentheilchens m' einen Körper T der stetigen Dichtigkeit $m''(x'y'z')$, so würde der Gesammt-Normaldruck dieses Körpers auf die Oberfläche Ω dargestellt sein in

$$\int\frac{d\int\frac{m''(x'y'z').\,dT}{r}}{dN}\,d\Omega.$$

Hierfür können wir aber schreiben, da m'' unabhängig ist von N

$$\int m''(x'\,y'\,z').\,dT\int\frac{d\frac{1}{r}}{dN}\,d\Omega,$$

wo also r die Entfernung des Raumelementes dT nach dem Flächenelemente $d\Omega$.

Diese Formeln stimmen nun aber vollständig mit den in den vorhergehenden Betrachtungen abgeleiteten überein.

Der in jenen geometrischen Sätzen auftretende Augenpunkt x' y' z' kann also betrachtet werden als Träger der wirksamen Masse 1. Nehmen wir nun die Masse m' als wirksam an und beachten wir, dass dann die dort abgeleiteten Integralwerthe bis auf den hinzutretenden Factor m' dieselben bleiben, so ergeben sich die folgenden physicalischen Sätze:

Der gesammte Normaldruck, welchen das gleichzeitig innerhalb beliebig vieler einfach geschlossener Oberflächen liegende Massentheilchen m' *auf jede dieser Oberflächen ausübt, ist constant* $= 4\pi\,m'$, *d. h. ist unabhängig von der Gestalt der Oberfläche.*

Der gesammte Normaldruck, welchen ein ausserhalb einer geschlossenen Oberfläche befindliches Massentheilchen auf diese Oberfläche ausübt, ist gleich Null.

Der gesammte Normaldruck, welchen ein in einer einfach geschlossenen Oberfläche liegendes Massentheilchen m' *auf diese Oberfläche ausübt, ist constant* $= 2\pi m'$, *unabhängig von der Gestalt der Fläche, vorausgesetzt, dass in dem Punkte derselben, wo sich das Massentheilchen befindet, eine Tangentialebene existirt.*

Pagina 36 sind wir ausgegangen von dem Integrale

$$\int \frac{d\frac{1}{r}}{dN}\, d\Omega = 4\pi.$$

Multipliciren wir beiderseits mit

$$m''(x'y'z').dT,$$

d. i. mit der im Elemente d T befindlichen Masse, wenn wir $m''(x'y'z')$ die Dichtigkeit bedeuten lassen, und integriren wir über T, so folgt

$$\int m''(x'y'z').dT \int \frac{d\frac{1}{r}}{dN}\, d\Omega = 4\pi \int m''(x'y'z').dT$$

und hier bedeutet, jenen pag. 36 bis pag. 38 abgeleiteten Sätzen zu Folge, $\int m''(x'y'z').dT$ die Summe der innerhalb Ω befindlichen Masse.

Da wir nun T irgend ein räumliches Gebilde bedeuten lassen können, so interpretiren sich alle die erwähnten geometrischen Sätze physicalisch in dem Einen Satze:

Der Ausdruck für den gesammten Normaldruck, welchen irgend welche Masse auf eine einfach geschlossene Oberfläche Ω *ausübt, ist gleich* 4π, *multiplicirt in die Summe der, innerhalb jener Fläche* Ω *befindlichen Theile dieser Masse.*

Wir können nun diesen Ausdruck auch schreiben

$$\int \frac{d \int \frac{m''(x'y'z').dT}{r}}{dN}\, d\Omega,$$

und hier ist das Integral

$$\int \frac{m''(x'y'z').dT}{r}$$

das Potential der Masse $\int m''(x'y'z').dT$ in Bezug auf Ω. Bezeichnen wir dieses mit V, und mit Mi die Summe der innerhalb Ω befindlichen Massentheile, so ist der formelhafte Ausdruck obigen Gesetzes:

$$\int \frac{dV}{dN}\, d\Omega = 4\pi . Mi.$$

Das ist der berühmte von Gauss gegebene potentialtheoretische Fundamentalsatz, aus welchem sich wieder in einfacher Weise das Newton'sche Gravitationsgesetz ableiten lässt.

Wir nehmen zu dem Zwecke für Ω eine Kugel mit dem Radius r, und für die wirkende Masse das eine Massentheilchen m', dessen Lage im Mittelpunkte jener Kugel sei.

Dann ist $V = \frac{m'}{r}$.

Bezeichnen wir dann die Normal-Componente der von m' herrührenden Kraft, $\frac{d\frac{m'}{r}}{dN}$, mit K_N, so lautet unser Integral

$$\int K_N \, d\Omega = 4\pi m',$$

oder, da wegen der symmetrischen Lage von m' zur Kugeloberfläche K_N für alle Elemente $d\Omega$ dasselbe ist

$$K_N \int d\Omega = 4\pi m'.$$

Da nun Ω eine Kugel, so ist

$$\int d\Omega = 4\pi rr,$$

also

$$K_N \,.\, 4\pi rr = 4\pi m'$$

oder

$$K_N = \frac{m'}{rr}.$$

Das ist das Newton'sche Gravitationsgesetz. —

Endlich haben wir noch für den letzten Satz pag. 38:

Der gesammte Normaldruck, welchen ein Körper auf seine eigene Oberfläche ausübt, ist gleich 4 π, multiplicirt in die Masse des Körpers. —

Die andere physicalische Interpretation geht davon aus, dass es möglich ist, das Integral

$$\int \mathfrak{M} \frac{d\frac{1}{r}}{dN} d\Omega$$

als magnetisches Potential, als von einer magnetisirten Scheibe herrührende Potentialfunction aufzufassen.

Haben wir eine beliebige Fläche Ω, deren Element von dem variabelen Punkt x' y' z' die Entfernung r besitzt, so construiren wir zwei andere Flächen hinzu, $\Omega_{+\varepsilon}$ und $\Omega_{-\varepsilon}$, welche je in der constanten Entfernung ε auf beiden Seiten der Fläche Ω liegen. $\Omega_{+\varepsilon}$ liege auf der Seite, von welcher aus die Normale zu Ω positiv gerechnet ist.

Wir denken uns nun auf den beiden Flächen magnetische Masse so vertheilt, dass die Dichtigkeit auf $\Omega_{+\varepsilon}$ $\mu_{+\varepsilon}$, auf $\Omega_{-\varepsilon}$ $\mu_{-\varepsilon}$ sei, und dass bestehe

$$\mu_{+\varepsilon} = -\mu_{-\varepsilon}.$$

Wir haben also dann in Ω eine magnetisirte Scheibe, bei welcher die Scheidungsweite der Magnetismen 2ε ist.

Seien nun $d\Omega_{+\varepsilon}, d\Omega, d\Omega_{-\varepsilon}$ drei Elemente unserer drei Flächen, welche alle von denselben Normalen ausgeschnitten werden, seien ferner $r_{+\varepsilon}, r, r_{-\varepsilon}$

die Entfernungen von x' y' z' nach den drei Punkten, in welchen dieselbe Normale die drei Flächenelemente $d\,\Omega_{+\varepsilon}$, $d\,\Omega$, $d\,\Omega_{-\varepsilon}$ durchschneidet, so haben wir

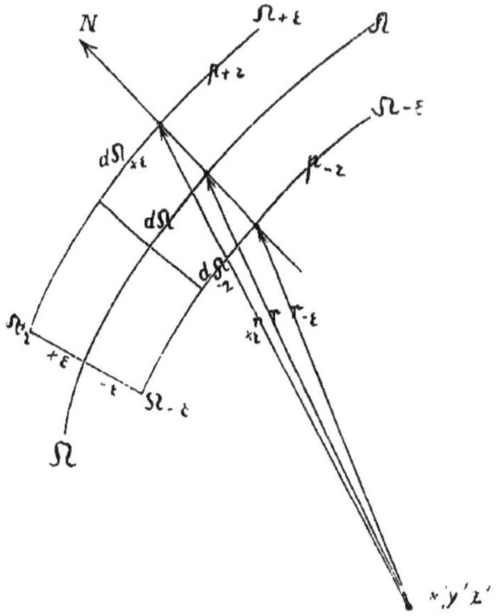

als Potentialfunction der beiden Elemente $d\,\Omega_{+\varepsilon}$ und $d\,\Omega_{-\varepsilon}$ in Bezug auf x' y' z'

$$\frac{\mu_{+\varepsilon}\, d\,\Omega_{+\varepsilon}}{r_{+\varepsilon}} + \frac{\mu_{-\varepsilon}\, d\,\Omega_{-\varepsilon}}{r_{-\varepsilon}}$$

oder, da $\mu_{+\varepsilon} = -\mu_{-\varepsilon}$:

$$\mu_{+\varepsilon}\left(\frac{d\,\Omega_{+\varepsilon}}{r_{+\varepsilon}} - \frac{d\,\Omega_{-\varepsilon}}{r_{-\varepsilon}}\right),$$

oder endlich

$$\mu_{+\varepsilon}\, d\,\Omega \left\{\frac{1}{r_{+\varepsilon}} - \frac{1}{r_{-\varepsilon}}\right\}$$

da für ein unendlich kleines ε

$$d\,\Omega_{+\varepsilon} = d\,\Omega = d\,\Omega_{-\varepsilon}.$$

Nun ist für ein unendlich kleines ε $\frac{1}{r_{+\varepsilon}} - \frac{1}{r_{-\varepsilon}}$ das von $\frac{1}{r}$ nach der Normale N genommene Differential. Es ist also, da in diesem Falle $d\,N = 2\,\varepsilon$:

$$\frac{1}{r_{+\varepsilon}} - \frac{1}{r_{-\varepsilon}} = \frac{d\frac{1}{r}}{d\,N}\, 2\,\varepsilon.$$

Mithin ist jetzt die von jenen beiden Flächenelementen herrührende Potentialfunction:

$$\frac{d\frac{1}{r}}{d\,N}\, 2\,\varepsilon \,.\, \mu_{+\varepsilon}\, d\,\Omega.$$

Um nun die gesammte, von der ganzen magnetisirten Scheibe Ω herrührende Potentialfunction V in Bezug auf x' y' z' zu erhalten, haben wir über Ω zu integriren und erhalten somit

$$V = \int \frac{d\frac{1}{r}}{dN} \cdot 2\,\varepsilon \cdot \mu_{+\varepsilon} \cdot d\,\Omega.$$

Hier bedeutet $\mu_{+\varepsilon}$ die Dichtigkeit des magnetischen Fluidums, also $2\varepsilon \cdot \mu_{+\varepsilon} \cdot d\,\Omega$ das magnetische Moment der Fläche Ω. Setzen wir nun

$$2\varepsilon \cdot \mu_{+\varepsilon} = \varepsilon\mu_{+\varepsilon} - \varepsilon\mu_{-\varepsilon} = \mathfrak{M},$$

so lautet unsere Potentialfunction

$$V = \int \frac{d\frac{1}{r}}{dN}\, \mathfrak{M}\, d\,\Omega,$$

wo $\mathfrak{M}$ das Mass der Magnetisirung von Ω bedeutet. Ist $\mathfrak{M}$ constant, so haben wir

$$V = \mathfrak{M} \int \frac{d\frac{1}{r}}{dN}\, d\,\Omega.$$

Um also die in irgend eine Richtung fallende Componente der Wirkung der magnetischen Scheibe Ω zu erhalten, haben wir nur die partielle Derivirte obigen Integrales nach dieser Richtung zu nehmen.

Es ist nun, wenn $\mathfrak{M}$ constant, wie bewiesen, obiges Integral gleich

$$V = \mathfrak{M} \int d\,\Pi$$

wo $\int d\,\Pi$ der räumliche Winkel, unter welchem Ω im Punkte x' y' z' erscheint.

Ist also Ω geschlossen, so ist

$$V = 4\,\pi \cdot \mathfrak{M}$$

wenn x' y' z' innerhalb,

$$V = 2\,\pi \cdot \mathfrak{M}$$

wenn x' y' z' auf Ω,

$$V = 0$$

wenn x' y' z' ausserhalb Ω liegt.

Da also die nach irgend einer Richtung genommene Derivirte von V in diesen drei Fällen stets = 0 ist, so folgt:

Die Wirkung, welche eine geschlossene magnetische Fläche, bei welcher das Mass der Magnetisirung constant ist, auf ein irgendwo im Raum befindliches magnetisches Theilchen ausübt, ist stets = 0.

Wie wir nun vorhin gesehen, besteht allgemein der Satz

$$\int \frac{dV}{dN}\, d\,\Omega = 4\,\pi \cdot Mi,$$

wo V die von irgend welcher Masse herrührende Potentialfunction, Ω eine einfach geschlossene Oberfläche, und Mi die Summe der innerhalb derselben befindlichen Theile der wirkenden Masse.

Setzen wir also für V die von der innerhalb Ω befindlichen magnetischen Fläche ω herrührende Potentialfunction $\int \frac{d\frac{1}{r}}{dN_\omega} d\omega$ ein, so folgt

$$\int \frac{d\int \frac{d\frac{1}{r}}{dN_\omega} d\omega}{dN_\Omega} d\Omega = 4\pi \,.\, Mi,$$

wo also jetzt r die Entfernung von $d\Omega$ nach $d\omega$ bedeutet.

Die Summe Mi der innerhalb Ω befindlichen Massen ist aber stets $= 0$, da gleiche Mengen positiver wie negativer magnetischer Massen vorhanden sind. Also verschwindet obiges Integral.

Ebenso ist natürlich das Integral $= 0$, wenn ω ausserhalb Ω liegt, d. h. *Der gesammte Normaldruck, welchen eine irgendwo befindliche magnetische Scheibe auf eine geschlossene Oberfläche ausübt, ist stets gleich Null.*

IX. Analytische Darstellung des Ausdruckes für den räumlichen Winkel. Unstetigkeit desselben. Satz über die Durchsetzungen einer Curve und einer Oberfläche.

Kehren wir zu unseren geometrischen Betrachtungen zurück und versuchen wir jetzt, die Function unter unserem Integrale

$$\int \frac{d\frac{1}{r}}{dN} d\Omega$$

analytisch in den Coordinaten auszudrücken.

Führen wir die Differentiation von $\frac{1}{r}$ aus, indem wir beachten, dass r durch die Coordinaten x y z des Elementes $d\Omega$ von N abhängt, so lautet unser Integral

$$-\int \left[\frac{dr}{dx}\frac{dx}{dN} + \frac{dr}{dy}\frac{dy}{dN} + \frac{dr}{dz}\frac{dz}{dN}\right]\frac{d\Omega}{rr}$$

oder, wenn wir die Differentiation von

$$r = \left| (x-x')^2 + (y-y')^2 + (z-z')^2 \right|^{\frac{1}{2}}$$

nach den Coordinaten ausführen:

$$-\int \left[(x-x')\frac{dx}{dN} + (y-y')\frac{dy}{dN} + (z-z')\frac{dz}{dN}\right]\frac{d\Omega}{r^3}$$

Nun ist

$$\frac{dx}{dN} = \cos(x, N)\,,\ \frac{dy}{dN} = \cos(y, N)\,,\ \frac{dz}{dN} = \cos(z, N)\,,$$

oder, wenn wir von den Winkeln zwischen den Normalen zu den Winkeln zwischen den zugehörigen Ebenen übergehen:

$$\frac{dx}{dN}\, d\Omega = d\Omega_{\cos(\overline{yz},\, d\Omega)}$$

$$\frac{dy}{dN} d\Omega = d\Omega \cos(\overline{xz}, d\Omega)$$

$$\frac{dz}{dN} d\Omega = d\Omega \cos(\overline{xy}, d\Omega),$$

wenn wir mit $\overline{xy}$ $\overline{yz}$ $\overline{zx}$ die drei Coordinatenebenen bezeichnen.

Hier sind nun noch die Vorzeichen der coss zu bestimmen.

Wir hatten nun bei der Oberfläche Ω diejenige Seite positiv gerechnet, von welcher die positive Normale ausging. Bei der mit dem Radius r beschriebenen Kugel aber hatten wir die Seite positiv angesetzt, welche der Richtung der Normale r entgegen lag. Gleiches wird also auch hier geschehen müssen, d. h. wir werden immer Die Seite der Coordinatenebene als positiv in die Rechnung einführen müssen, welche der positiven Richtung der dazu senkrechten Achse entgegengesetzt liegt.

Dann aber sind, wie leicht zu erkennen, stets die Winkel $(\overline{xy}, d\Omega)$, $(\overline{yz}, d\Omega)$, $(\overline{zx}, d\Omega)$ stumpf, wenn die Winkel der zugehörigen Normalen (z, N), (x, N), (y, N) spitz sind und umgekehrt. Wir haben also

$$\frac{dx}{dN} d\Omega = - d\Omega \cos(\overline{yz}, d\Omega)$$

$$\frac{dy}{dN} d\Omega = - d\Omega \cos(\overline{zx}, d\Omega)$$

$$\frac{dz}{dN} d\Omega = - d\Omega \cos(\overline{xy}, d\Omega).$$

Hier sind aber die rechten Seiten nichts anderes als die mit negativem Vorzeichen versehenen Projectionen von $d\Omega$ auf die drei Coordinatenebenen; wir bezeichnen sie mit $d\Omega_{xy}$, $d\Omega_{yz}$, $d\Omega_{zx}$.

Also ist, wenn wir beachten, dass wir für diese Projectionen resp. die Flächenelemente der betreffenden Coordinatenebenen nehmen können, nämlich $dx.dy$, $dy.dz$, $dz.dx$,

$$\frac{dx}{dN} d\Omega = - d\Omega_{yz} = - dy.dz$$

$$\frac{dy}{dN} d\Omega = - d\Omega_{zx} = - dz.dx$$

$$\frac{dz}{dN} d\Omega = - d\Omega_{xy} = - dx.dy$$

Machen wir nun diese Substitutionen in unser Flächenintegral, so folgt:

$$\int_{(\Omega)} \frac{d\frac{1}{r}}{dN} d\Omega =$$

$$= \int \Big[(x-x') dy.dz + (y-y') dz.dx + (z-z') dx.dy\Big] \cdot \frac{1}{r^3}$$

und dies ist gleich dem räumlichen Winkel, unter welchem Ω im Punkte x' y' z' erscheint, nämlich gleich $\int d\Pi$.

Lassen wir nun den Augenpunkt x′ y′ z′ um die unendlich kleine Strecke d S′ fortschreiten und differentiiren wir unser Integral nach S′, so folgt, da nur die Coordinaten x′ y′ z′ von S′ abhängen:

$$\frac{d}{dS'}\int^{(\Omega)}\left[\frac{d\frac{1}{r}}{dN}\,d\Omega\right]dS' =$$

$$= \int^{(\Omega)} \frac{1}{r^5}\Big[(x-x')^2 \{dy\,[dx'\,dz - dx\,dz'] + dz\,[dx'\,dy - dx\,dy']\}$$
$$+ 3\,(y-y')\,(z-z')\,[dy\,dy' + dz\,dz']\,dx$$
$$+ (y-y')^2 \{dz\,[dy'\,dx - dy\,dx'] + dx\,[dy'\,dz - dy\,dz']\}$$
$$+ 3\,(z-z')\,(x-x')\,[dz\,dz' + dx\,dx']\,dy$$
$$+ (z-z')^2 \{dx\,[dz'\,dy - dz\,dy'] + dy\,[dz'\,dx - dz\,dx']\}$$
$$+ 3\,(x-x')\,(y-y')\,[dx\,dx' + dy\,dy']\,dz\Big]$$

Integriren wir nun über S′, indem wir S′ eine geschlossene Curve bedeuten lassen, so ergibt sich, wenn wir die Function unter dem Integral rechter Hand kurz mit V. dΩ. d S′ bezeichnen

$$\int^{(S')}\frac{d}{dS'}\left[\int\frac{d\frac{1}{r}}{dN}\,d\Omega\right]dS' = \int^{(S')}\int^{(\Omega)} V\,.\,d\Omega.dS'.$$

Hat nun S′ mit der Oberfläche Ω keinen Punkt gemein, so können wir, da dann r stets von Null verschieden ist, die Integration linker Hand sofort ausführen und erhalten somit, da die linke Seite wegen der geschlossenen Curve S′ gleich Null wird:

$$0 = \int^{(S')}\int^{(\Omega)} V\,.\,d\Omega\,.\,dS'. -$$

Um nun den Werth dieses Doppelintegrales für den Fall zu erhalten, dass die Curve S′ die Oberfläche Ω durchsetzt, müssen wir folgendes über die Unstetigkeit von $\int\frac{d\frac{1}{r}}{dN}$ beim Durchgange des Augenpunktes durch die Fläche Ω bemerken.

Ist Ω irgend ein offenes Flächenstück und ist $\int d\Pi$ der räumliche Winkel, unter welchem die Seite desselben, von welcher die Normale ausgeht, im Punkte x′ y′ z′ erscheint, so können wir Ω durch die Fläche Ω′ stets so zu der einfach geschlossenen Oberfläche ω ergänzen, dass die Normale zu Ω, als Normale zu ω betrachtet, nach dem Innern von ω zu gerichtet ist, und dass x′ y′ z′ innerhalb ω liegt.

Wir haben dann offenbar

$$\int\frac{d\frac{1}{r}}{dN}\,d\Omega = \int\frac{d\frac{1}{r}}{dN}\,d\omega - \int\frac{d\frac{1}{r}}{dN}\,d\Omega'.$$

Wir lassen nun x′ y′ z′ auf einer Linie durch Ω hindurch gehen und bezeichnen — wie pag. 24 — mit $+\varepsilon$ und $-\varepsilon$ zwei, der Fläche Ω auf beiden Seiten — der inneren und der äusseren — unendlich nahe liegenden Punkte dieser Linie.

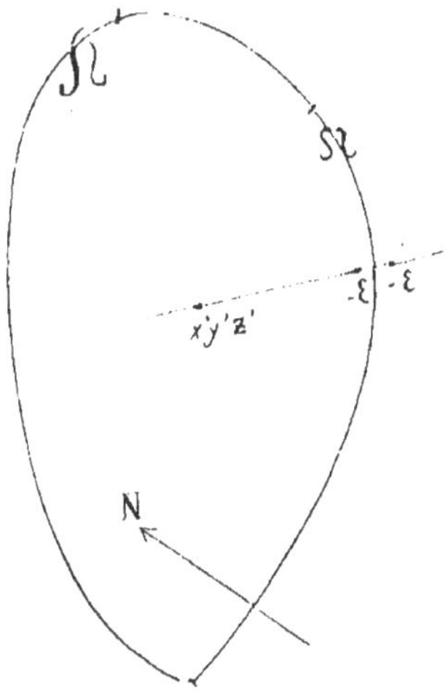

Subtrahiren wir dann die für diese beiden Punkte stattfindenden Werthe des obigen Integrales von einander, so ergibt sich

$$\left[\int \frac{d\frac{1}{r}}{dN} d\Omega\right]_{+\varepsilon} - \left[\int \frac{d\frac{1}{r}}{dN} d\Omega\right]_{-\varepsilon} =$$

$$= \left[\int \frac{d\frac{1}{r}}{dN} d\omega\right]_{+\varepsilon} - \left[\int \frac{d\frac{1}{r}}{dN} d\omega\right]_{-\varepsilon}$$

$$+ \left[-\int \frac{d\frac{1}{r}}{dN} d\Omega'\right]_{+\varepsilon} - \left[-\int \frac{d\frac{1}{r}}{dN} d\Omega'\right]_{-\varepsilon}$$

Nun ändert sich das Integral $\int \frac{d\frac{1}{r}}{dN} d\Omega'$ beim Durchgange durch die Fläche Ω stetig, die beiden letzten Terme rechter Hand zerstören sich also, da die Punkte $+\varepsilon$ und $-\varepsilon$ einander unendlich nahe liegen.

Das Integral $\int \frac{d\frac{1}{r}}{dN} d\omega$ ist aber nach früherem, da ω eine einfach geschlossene Fläche, für einen inneren Punkt, also z. B. für $+\varepsilon$, $= 4\pi$, für einen äusseren Punkt aber, also z. B. für $-\varepsilon$, $= 0$. Die erste Differenz rechter Hand ist also $= 4\pi$, d. h. es ist:

$$\left[\int \frac{d\frac{1}{r}}{dN} d\Omega\right]_{+\varepsilon} - \left[\int \frac{d\frac{1}{r}}{dN} d\Omega\right]_{-\varepsilon} = 4\pi.$$

D. h. *Der Werth des räumlichen Winkels, unter welchem irgend eine Fläche in irgend einem Augenpunkte erscheint, ändert sich um 4π, wenn der Augenpunkt diese Fläche durchschreitet.*

Diesen Satz wenden wir auf unser Integral an, d. h. auf

$$\int^{(S')} \frac{d}{dS'}\left[\int \frac{d\frac{1}{r}}{dN}\, d\Omega\right] dS' = \int^{(S')}\int^{(\Omega)} V\,.\,d\Omega\,.\,dS'$$

wenn die geschlossene Curve S' die Fläche Ω durchsetzt.

Wir rechnen auch hier diejenige Durchsetzung als eine positive, welche von der positiven Seite von Ω nach der negativen hin gerichtet ist, und nehmen Die Seite von Ω als die positive an, deren räumlicher Winkel durch das Integral $\int \frac{d\frac{1}{r}}{dN}\, d\Omega$ repräsentirt ist. S' endlich rechnen wir positiv im Sinne der wachsenden x; d. h. verschieben und drehen wir das Coordinaten-

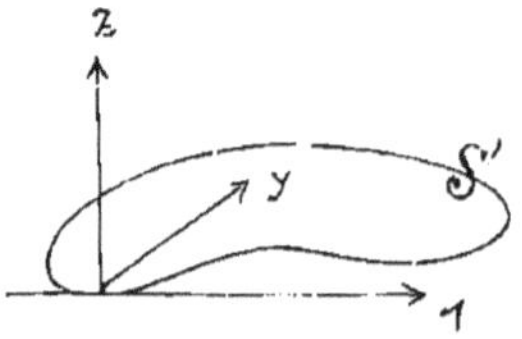

system so, dass die x-Achse die Curve S' berührt, die y-Achse nach der von S' begränzten Fläche hin gerichtet ist und die z-Achse nach oben, nach vorn oder nach rechts hin wächst — so rechnen wir S' positiv nach der positiven x-Achse hin.

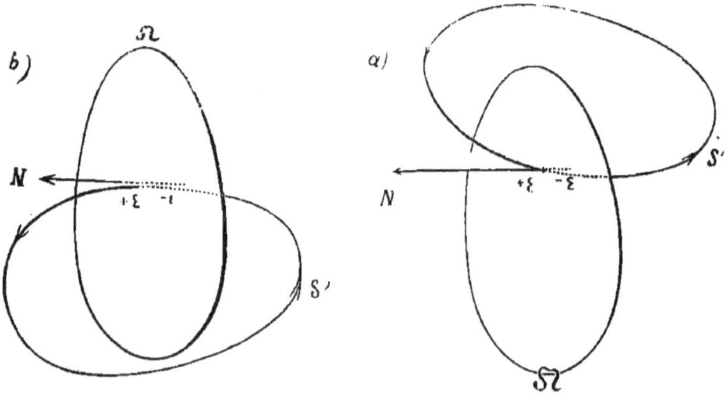

Dann findet in vorstehender Figur a) eine positive, in b) aber eine negative Durchsetzung statt.

Wir beginnen in a) die Integration über S' in dem Ω unendlich nahe auf der negativen Seite liegenden Punkte $-\varepsilon$ von S' und enden in dem auf der andern Seite analog liegenden Punkte $+\varepsilon$. Dann ist, wenn wir linker Hand die Integration ausführen und die Gränzwerthe einsetzen:

$$\int^{(S')}\int^{(\Omega)} V \,.\, d\Omega \,.\, dS' =$$

$$= \left[\int \frac{d\frac{1}{r}}{dN} d\Omega\right]_{+\varepsilon} - \left[\int \frac{d\frac{1}{r}}{dN} d\Omega\right]_{-\varepsilon}$$

und dies ist vorausgeschickter Bemerkung entsprechend gleich

$$+ 4\pi.$$

In der Figur b) beginnen wir die Integration im Punkte $+\varepsilon$ und enden in $-\varepsilon$. Dann ergibt sich:

$$\int^{(S')}\int^{(\Omega)} V \,.\, d\Omega \,.\, dS' =$$

$$= \left[\int \frac{d\frac{1}{r}}{dN} d\Omega\right]_{-\varepsilon} - \left[\int \frac{d\frac{1}{r}}{dN} d\Omega\right]_{+\varepsilon},$$

und dies ist gleich

$$- 4\pi.$$

Betrachten wir nun den allgemeineren in nachstehender Figur dargestellten Fall zweier positiven (von $+\varepsilon_3$ nach $-\varepsilon_3$, $+\varepsilon_2$ nach $-\varepsilon_2$) und

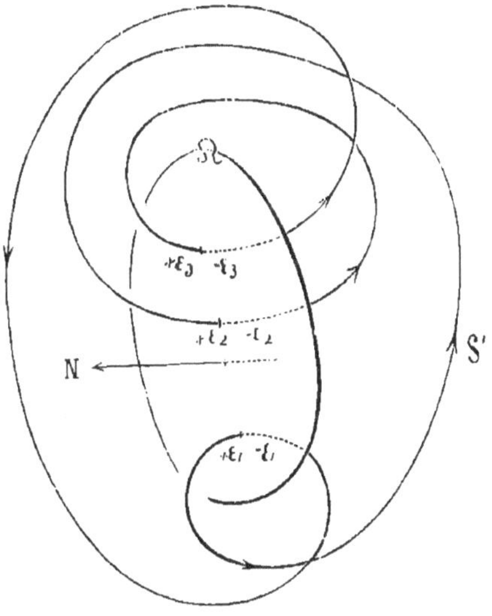

einer negativen Durchsetzung (von $-\varepsilon_1$ nach $+\varepsilon_1$), so erhalten wir, wenn wir die Integration etwa im Punkte $+\varepsilon_1$ beginnen

$$\int^{(S')}\int^{(\Omega)} V \,.\, d\Omega \,.\, dS' =$$

$$= \left[\int \frac{d\frac{1}{r}}{dN} d\Omega\right]_{+\varepsilon_2} - \left[\int \frac{d\frac{1}{r}}{dN} d\Omega\right]_{+\varepsilon_1}$$

$$+\left[\int \frac{d\frac{1}{r}}{dN} d\Omega\right]_{+\varepsilon_3} - \left[\int \frac{d\frac{1}{r}}{dN} d\Omega\right]_{-\varepsilon_2}$$

$$+\left[\int \frac{d\frac{1}{r}}{dN} d\Omega\right]_{-\varepsilon_1} - \left[\int \frac{d\frac{1}{r}}{dN} d\Omega\right]_{-\varepsilon_3}$$

Hier besitzt nach dem angeführten Satze die Combination des ersten und vierten Integrales rechter Hand — mit Rücksicht auf das Vorzeichen — den Werth 4π, ebenso die des dritten und sechsten den Werth 4π, die des zweiten und fünften aber den Werth -4π.

Im Falle zweier positiven und einer negativen Durchsetzung ist also

$$\int^{(S')}\int^{(\Omega)} V \,.\, d\Omega \,.\, dS' = 4\pi \,.\, 2 - 4\pi \,.\, 1.$$

Ist allgemein m die Anzahl der positiven, n diejenige der negativen Durchsetzungen, so ist der Werth des obigen Integrales

$$4\pi\ (m-n).$$

Also:

Sind $x\,y\,z$ *die Coordinaten eines unbestimmten Punktes der beliebigen Fläche* Ω, $x'\,y'\,z'$ *diejenigen eines unbestimmten Punktes der beliebigen geschlossenen räumlichen Curve* S', *bezeichnet* r *die Entfernung eines Punktes der Curve* S' *nach einem Punkte von* Ω, *ist also*

$$r = \left[(x-x')^2 + (y-y')^2 + (z-z')^2\right]^{\frac{1}{2}}$$

so ist der Werth des über die Curve und über die Fläche erstreckten Doppelintegrales

$$\begin{aligned}\int^{(S')}\int^{(\Omega)} \frac{1}{r^5}\Big[&(x-x')^2\,[dy\,(dx'\,dz - dx\,dz') + dz\,(dx'\,dy - dx\,dy')]\\ &\qquad + 3\,(y-y')\,(z-z')\,[dy\,dy' + dz\,dz']\,dx\\ &+ (y-y')^2\,[dz\,(dy'\,dx - dy\,dx') + dx\,(dy'\,dz - dy\,dz')]\\ &\qquad + 3\,(z-z')\,(x-x')\,[dz\,dz' + dx\,dx']\,dy\\ &+ (z-z')^2\,[dx\,(dz'\,dy - dz\,dy') + dy\,(dz'\,dx - dz\,dx')]\\ &\qquad + 3\,(x-x')\,(y-y')\,[dx\,dx' + dy\,dy']\,dz\Big]\end{aligned}$$

gleich

$$4\pi\ (m-n),$$

wenn m *angibt, wie oft die Curve* S' *die Oberfläche* Ω *in positiver,* n, *wie oft sie dieselbe in negativer Richtung durchsetzt.*

Der Werth des Integrales ist also gleich Null, wenn sowohl m als n $= 0$ ist, d. h. wenn die Curve S' gar keinen Punkt mit Ω gemein hat.

Ferner ist der Werth $= 0$, wenn $m = n$ ist, d. h. wenn ebensoviele positive wie negative Durchsetzungen statt haben. Dieser Fall tritt nun stets ein, wenn Ω eine geschlossene Fläche ist: denn dann treten die Durchsetzungen stets paarweise mit entgegengesetzten Vorzeichen auf.

Damit also das Integral von Null verschieden sei, muss nothwendig Ω eine offene Fläche sein.

Berücksichtigen wir an Stelle der Fläche Ω die Begränzungscurve derselben — welche also nothwendig geschlossen ist, wenn das Integral nicht $= 0$ sein soll, — so können wir auch sagen, es sei obiges Integral gleich 4π, multiplicirt in die Anzahl der Umschlingungen der Curve S' und der Begränzungscurve von Ω. Gelingt es uns dann, das über Ω erstreckte Integral in ein über die Begränzung von Ω auszudehnendes zu verwandeln, so werden wir dem Inhalte nach den Eingangs mitgetheilten Gauss'schen Satz erhalten, nämlich ein doppeltes Curvenintegral, welches die gegenseitigen Umschlingungen der beiden Integrationscurven zählt.

X. Darstellung des räumlichen Winkels durch ein Curvenintegral. Satz über die Verschlingungen räumlicher Curven.

Zur Umwandlung des besagten Flächenintegrales in ein über die Begränzung erstrecktes verfahren wir nach dem Vorgange des Herrn Professor Schering wie folgt.

Wir gehen aus von

$$W = \int \frac{d\frac{1}{r}}{dN} d\Omega = \int d\Pi.$$

und führen hierin Polarcoordinaten ein mit dem Anfangspunkte $x'\,y'\,z'$ und der x-Achse als Polachse. Wir setzen also

$$x = x' + r\cos\vartheta$$
$$y = y' + r\sin\vartheta\,.\cos\varphi$$
$$z = z' + r\sin\vartheta\,.\sin\varphi$$

Dann haben wir für das Oberflächenelement der Kugel mit dem Radius 1, d. h. für $d\Pi$ den Ausdruck

$$d\Pi = 1\,.\,d\vartheta\,.\,1\,.\sin\vartheta\,.\,d\varphi,$$

und es ist also

$$W = \int \frac{d\frac{1}{r}}{dN} d\Omega = \int d\varphi \int \sin\vartheta\,.\,d\vartheta.$$

Bedeutet nun in der folgenden Figur S die Begränzung von Ω, S^* diejenige der Projection der Fläche Ω auf die Kugelfläche Π, bedeuten φ und $\varphi + d\varphi$ zwei grösste Kugelkreise, in welchen zwei durch die Polachse gelegte, den Winkel $d\varphi$ einschliessende Ebenen die Kugeloberfläche Π schneiden, so werden diese Kreise die Begränzung S^* eine gewisse Anzahl von Malen, welche wir durch passende Legung der Coordinatenachsen stets gerade machen können, durchsetzen. Die Durchsetzungsstellen seien 1 2 3 4 . . . . Führen wir die Integration nach ϑ aus und setzen wir die Gränzwerthe ein, bezeichnen wir ferner dasselbe Element $d\varphi$ den Durchsetzungsstellen entsprechend mit dem unteren Index resp. 1 2 3 4 . . ., so haben wir

$$W = \int (\cos\vartheta_1 \, d\varphi_1 - \cos\vartheta_2 \, d\varphi_2 + \cos\vartheta_3 \, d\varphi_3 - \cos\vartheta_4 \, d\varphi_4 + \ldots).$$

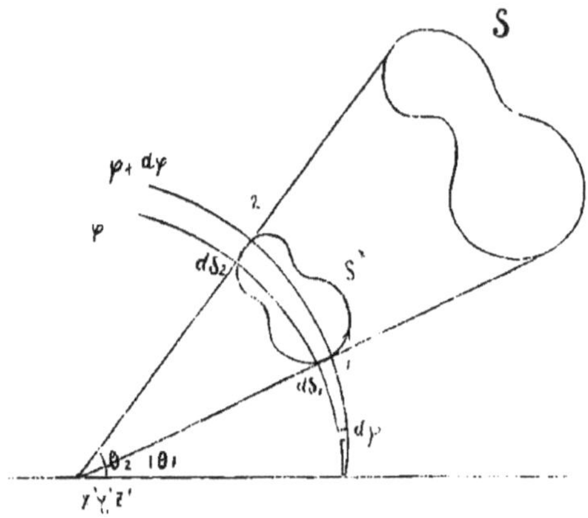

Verstehen wir unter x y z die Coordinaten eines Punktes der Begränzungscurve S, so haben wir aus den Relationen für x y z

$$\frac{dy}{dS} = \frac{d(r\sin\vartheta)}{dS}\cos\varphi - r\sin\vartheta\,.\sin\varphi\,\frac{d\varphi}{dS}$$

$$\frac{dz}{dS} = \frac{d(r\sin\vartheta)}{dS}\sin\varphi + r\sin\vartheta\,.\cos\varphi\,\frac{d\varphi}{dS}.$$

Multipliciren wir hier die erste Gleichung mit

$$-(z-z') = -r\sin\vartheta\,.\sin\varphi,$$

die zweite mit

$$(y-y') = r\sin\vartheta\,.\cos\varphi$$

und addiren, so folgt:

$$-(z-z')\frac{dy}{dS} + (y-y')\frac{dz}{ds} =$$

$$= (rr\sin^2\vartheta\,.\sin^2\varphi + rr\sin^2\vartheta\,.\cos^2\varphi)\frac{d\varphi}{dS}$$

$$= rr\sin^2\vartheta\,\frac{d\varphi}{dS}.$$

Ferner ist

$$d\varphi = \frac{d\varphi}{dS}\,dS.$$

Rechnen wir nun S in bekannter Weise positiv, so ist, wie unmittelbar aus der Figur zu erkennen $\frac{d\varphi_1}{dS_1}$ positiv, $\frac{d\varphi_2}{dS_2}$ negativ u. s. f. abwechselnd weiter.

Wir haben also, wenn wir die vorher abgeleitete Formel berücksichtigen:

$$\frac{d\varphi_1}{dS_1} = \left| \frac{(y-y')\frac{dz}{dS} - (z-z')\frac{dy}{dS}}{r\,r\sin^2\vartheta} \right|_1$$

$$\frac{d\varphi_2}{dS_2} = -\left| \frac{(y-y')\frac{dz}{dS} - (z-z')\frac{dy}{dS}}{r\,r\sin^2\vartheta} \right|_2$$

u. s. f.

Setzen wir diese Ausdrücke in unser Integral ein, so folgt

$$W = \int \left[\cos\vartheta_1 \,.\, \left| \frac{(y-y')\frac{dz}{dS} - (z-z')\frac{dy}{dS}}{r\,r\sin^2\vartheta} \right|_1 dS_1 \right.$$

$$\left. + \cos\vartheta_2 \,.\, \left| \frac{(y-y')\frac{dz}{dS} - (z-z')\frac{dy}{dS}}{r\,r\sin^2\vartheta} \right|_2 dS_2 + \ldots \right]$$

und dies ist offenbar nichts anderes als

$$W = \int \frac{\cos\vartheta}{r\,r\sin^2\vartheta} \left[(y-y')\frac{dz}{dS} - (z-z')\frac{dy}{dS} \right] dS.$$

Nun ist $\cos\vartheta = \frac{x-x'}{r}$, $\sin^2\vartheta = \frac{(y-y')^2 + (z-z')^2}{r\,r}$.

Setzen wir also diese Werthe oben ein, so ergibt sich

$$\int \frac{d\frac{1}{r}}{dN} d\Omega = \int^{(S)} \frac{x-x'}{r} \, \frac{(y-y')\frac{dz}{dS}dS - (z-z')\frac{dy}{dS}dS}{(y-y')^2 + (z-z')^2} = \int d\Pi.$$

Da hier das Curvenintegral in Bezug auf $x\,y\,z$ und $x'\,y'\,z'$ unsymmetrisch, das Flächenintegral aber in Bezug auf diese Coordinaten symmetrisch ist, so folgt, dass noch zwei andere Ausdrücke für das Flächenintegral existiren müssen, welche wir aus dem obigen Curvenintegrale durch cyklische Vertauschung der Coordinaten erhalten werden.

Es ist also noch

$$W = \int \frac{d\frac{1}{r}}{dN} d\Omega = \int^{(S)} \frac{y-y'}{r} \, \frac{(z-z')\frac{dx}{dS}dS - (x-x')\frac{dz}{dS}dS}{(z-z')^2 + (x-x')^2}$$

sowie

$$W = \int \frac{d\frac{1}{r}}{dN} d\Omega = \int^{(S)} \frac{z-z'}{r} \, \frac{(x-x')\frac{dy}{dS}dS - (y-y')\frac{dx}{dS}dS}{(x-x')^2 + (y-y')^2}$$

Differentiiren wir nun unser Integral $\int \frac{d\frac{1}{r}}{dN} d\Omega$ nach den Coordinaten $x'\,y'\,z'$, indem wir hierzu immer den in Bezug auf die Differentiationsvariabele einfachsten Ausdruck für unser Integral aus obigen dreien auswählen, so erhalten wir:

$$\frac{d}{dx'}\int \frac{d\frac{1}{r}}{dN}\, d\Omega = -\int^{(S)} \frac{(y-y')\frac{dz}{dS} - (z-z')\frac{dy}{dS}}{r^3}\,.\, dS$$

$$\frac{d}{dy'}\int \frac{d\frac{1}{r}}{dN}\, d\Omega = -\int^{(S)} \frac{(z-z')\frac{dx}{dS} - (x-x')\frac{dz}{dS}}{r^3}\,.\, dS$$

$$\frac{d}{dz'}\int \frac{d\frac{1}{r}}{dN}\, d\Omega = -\int^{(S)} \frac{(x-x')\frac{dy}{dS} - (y-y')\frac{dx}{dS}}{r^3}\,.\, dS$$

Für die Derivirte unseres Integrales W nach einer beliebigen Richtung S' erhalten wir also, da

$$\frac{dW}{dS'} = \frac{dW}{dx'}\frac{dx'}{dS'} + \frac{dW}{dy'}\frac{dy'}{dS'} + \frac{dW}{dz'}\frac{dz'}{dS}$$

besteht:

$$\frac{d}{dS'}\left[\int \frac{d\frac{1}{r}}{dN}\, d\Omega\right] dS' =$$

$$= -\int^{(S)}\Big[(x-x')\left\{\frac{dy}{dS}dS\,.\,\frac{dz'}{dS'}dS' - \frac{dz}{dS}dS\,.\,\frac{dy'}{dS'}dS'\right\}$$
$$+ (y-y')\left\{\frac{dz}{dS}dS\,.\,\frac{dx'}{dS'}dS' - \frac{dx}{dS}dS\,.\,\frac{dz'}{dS'}dS'\right\}$$
$$+ (z-z')\left\{\frac{dx}{dS}dS\,.\,\frac{dy'}{dS'}dS' - \frac{dy}{dS}dS\,.\,\frac{dx'}{dS'}dS'\right\}\Big]\,.\,\frac{1}{r^3}$$

Um die Function unter diesem Curvenintegrale einfacher darzustellen, beachte man, dass nach bekanntem Determinantensatze der Rauminhalt eines Parallelopipeds, dessen eine Ecke im Coordinatenanfang liegt und dessen drei andere bestimmenden Ecken die Coordinaten $x_1 y_1 z_1$, $x_2 y_2 z_2$, $x_3 y_3 z_3$ besitzen, gleich $\Sigma \pm x_1 y_2 z_3$ ist, oder gleich

$$x_1(y_2 z_3 - z_2 y_3) + y_1(z_2 x_3 - x_2 z_3) + z_1(x_2 y_3 - y_2 x_3).$$

Nun sind in obigem Integrale $(x-x')$, $(y-y')$, $(z-z')$ die Projectionen von r auf die drei Coordinatenachsen; $\frac{dy}{dS}dS$, $\frac{dy}{dS}dS$, $\frac{dz}{dS}dS$ dieselben Projectionen von dS, und $\frac{dx}{dS'}dS'$, $\frac{dy}{dS'}dS'$, $\frac{dz}{dS'}dS'$ dieselben Projectionen von dS'. Lassen wir also diese neun Grössen Coordinaten von drei Punkten bedeuten und nehmen wir noch den Coordinatenanfang (0, 0, 0) hinzu, so sehen wir, dass der Zähler der Function unter dem Integral, welchen wir auch schreiben können:

$$\begin{vmatrix} (x-x') & (y-y') & (z-z') \\ \frac{dx}{dS}dS & \frac{dy}{dS}dS & \frac{dz}{dS}dS \\ \frac{dx'}{dS'}dS' & \frac{dy'}{dS'}dS' & \frac{dz'}{dS'}dS' \end{vmatrix}$$

den Rauminhalt eines Parallelopipeds bedeutet, dessen drei bestimmende Kanten der Grösse und Richtung nach r dS dS' sind. — Interpretiren wir nun auch den unter dem Integrale stehenden Nenner geometrisch, so erhalten wir:

$$\frac{d}{dS'}\left[\int \frac{d\frac{1}{r}}{dN}\, d\Omega\right] dS'$$

$$= -\int^{(S)} \frac{\text{Raum-Inhalt eines Parallelopipeds (Kanten} = r\,, dS\,, dS')}{\text{Raum-Inhalt eines Würfels} = r^3}$$

Wir erhalten also folgenden bemerkenswerthen Satz:

Die erste Derivirte des Ausdruckes für den räumlichen Winkel, unter welchem in irgend einem Punkte eine geschlossene Curve erscheint, — genommen nach einer beliebigen Richtung hin, indem man mit dem Augenpunkte eine Ortsänderung vornimmt — ist gleich einem über diese Curve erstreckten Integrale, dessen jedes Element das Verhältniss der Rauminhalte zweier bestimmter Parallelopipede bedeutet.

Diese geometrische Darstellung des Gauss'schen Fundamentalintegrales für den räumlichen Winkel ist von Herrn Professor Schering gegeben.

Das hier entwickelte Begränzungsintegral ist also gleich dem pag. 47 abgeleiteten Flächenintegrale.

Führen wir also beiderseits die Integration über die geschlossene Curve S' aus, so ergibt sich, der Bemerkung pag. 52 zufolge, dass das so entstehende doppelte Curvenintegral:

$$-\int^{(S')}\int^{(S)} \big[(x-x')\{dy\,dz' - dz\,dy'\}$$
$$+ (y-y')\{dz\,dx' - dx\,dz'\}$$
$$+ (z-z')\{dx\,dy' - dy\,dx'\}\big]\cdot\frac{1}{r^3}$$
$$= -\int^{(S')}\int^{(S)} \frac{\text{Raum-Inhalt eines Parallelopipeds (Kanten} = r, dS, dS')}{\text{Raum-Inhalt eines Würfels} = r^3}$$

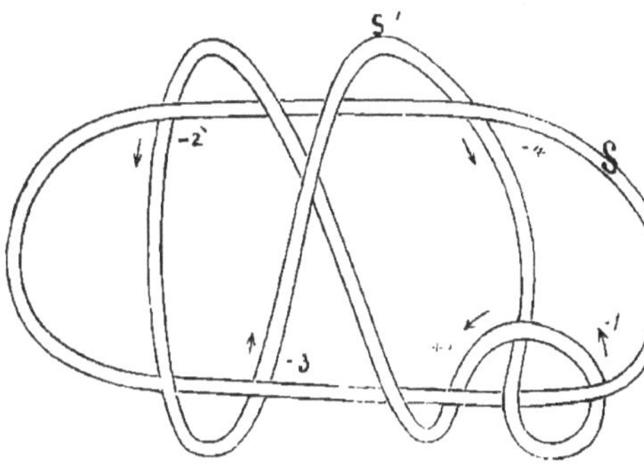

gleich 4π ist, multiplicirt in die Anzahl der positiven Umschlingungen der Curven S und S', diese Anzahl vermindert um diejenige der negativen Umschlingungen. In beistehender Figur z. B. haben wir eine positive (bei +1) und vier negative (bei —1, —2, —3, —4) Umschlingungen, der Werth des Doppelintegrales ist mithin 4π (1—4) oder

$$-3 \cdot 4\pi.$$

Wie leicht zu erkennen, ist es einerlei, welche der beiden Curven wir als Begränzung von Ω ansehen, d. h. bleibt der Werth des Integrales ungeändert, wenn wir die beiden Curven S und S' miteinander vertauschen.

Dies ist aber nichts anderes als der Eingangs mitgetheilte Gauss'sche Lehrsatz.

Werden die beiden Curven S und S' als schon geschlossene mit einander verschlungen, so ist der Werth unseres Integrales unter allen Umständen = 0. Denn dann treten die Umschlingungen stets paarweise mit entgegengesetztem Vorzeichen auf und zerstören sich also gegenseitig. Es ist eben dann möglich, die beiden Curven, ohne sie zu öffnen, auseinanderzuziehen.

Soll also das Integral von Null verschieden sein, so müssen die Curven erst nach der Verschlingung geschlossen sein. Dann ist es nicht möglich, die Curven, ohne sie zu öffnen, von einander zu trennen.

Umgekehrt folgt aber hieraus nicht, dass das Integral von Null verschieden ist, wenn die Curven nicht, ohne geöffnet zu werden, auseinander gezogen werden können. Denn es sind stets Verschlingungen einer der Curven mit sich selbst möglich, welche den Integralwerth nicht ändern, gleichwohl aber die Trennung der Curven verhindern.

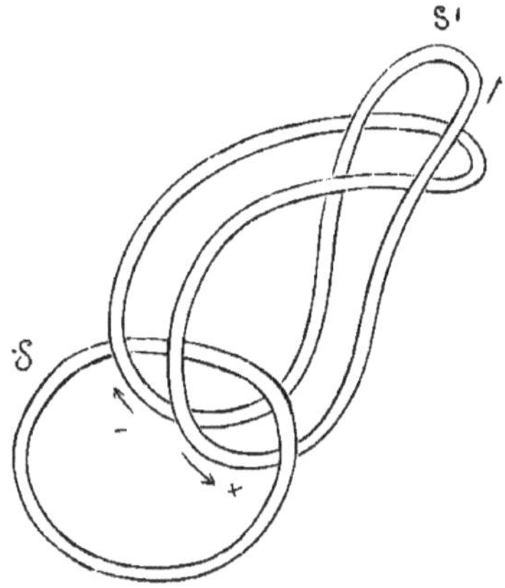

Wie bemerkt, ändert die Vertauschung der Curven S und S' den Integralwerth nicht. Durchsetzt aber die Curve S die Fläche von S' nullmal, ist also das Integral = 0, so ist nicht nöthig, dass darum auch S' die Fläche von S nullmal durchsetzt, sondern es kann eintreten, dass hier eine gerade Anzahl, zur Hälfte positiver und zur Hälfte negativer Durchsetzungen stattfindet. Im ersten Falle verschwindet also das Integral, weil $m = 0 = n$, im zweiten aber, weil $m = n$ ist.

In umstehender Figur z. B. durchsetzt S die Fläche von S' nullmal, S' aber die Fläche von S zweimal, doch einmal positiv und einmal negativ. Das Integral ist also = 0, gleichwohl lassen sich die Curven wegen der Verschlingung von S' mit sich selbst nicht auseinanderziehen.

XI. Physicalische Deutung der für die Derivirten des Ausdrucks für den räumlichen Winkel gewonnenen Curvenintegrale.

Es war $\mathfrak{M}\int \frac{d\frac{1}{r}}{dN}\,d\Omega$ die von einer magnetischen Scheibe Ω herrührende Potentialfunction V in Bezug auf den Punkt x' y' z'. Nach den Entwicklungen pag. 54 erkennen wir also, *dass die von einer magnetischen Fläche herrührende Potentialfunction stets auf drei Arten durch ein über die Begränzung der Fläche erstrecktes Integral dargestellt werden kann, und dass die drei, in die Richtungen der Coordinatenachsen fallenden Componenten der von jener Scheibe herrührenden Wirkung die Werthe besitzen:*

$$X' = \frac{dV}{dx'} = -\int^{(S)} \mathfrak{M} \,.\, \frac{(y-y')\frac{dz}{dS}dS - (z-z')\frac{dy}{dS}dS}{r^3}$$

$$Y' = \frac{dV}{dy'} = -\int^{(S)} \mathfrak{M} \,.\, \frac{(z-z')\frac{dx}{dS}dS - (x-x')\frac{dz}{dS}dS}{r^3}$$

$$Z' = \frac{dV}{dz'} = -\int^{(S)} \mathfrak{M} \,.\, \frac{(x-x')\frac{dy}{dS}dS - (y-y')\frac{dx}{dS}dS}{r^3}$$

Hier ist, wie unmittelbar mit Rücksicht auf pag. 16, 17 zu erkennen

$$(y-y')\frac{dz}{dS}dS - (z-z')\frac{dy}{dS}dS$$

der Flächeninhalt desjenigen Parallelogrammes, dessen eine Ecke im Coordinatenanfang liegt, und dessen beide bestimmenden Seiten durch die Projectionen von r und dS auf die yz-Ebene repräsentirt werden. Wir bezeichnen diese Projectionen durch r_{yz} und dS_{yz}.

Ebenso ist

$$(z-z')\frac{dx}{dS}dS - (x-x')\frac{dz}{dS}dS$$

der Flächeninhalt des durch die Projectionen von r und dS' auf die xz-Ebene, und

$$(x-x')\frac{dy}{dS}dS-(y-y')\frac{dx}{dS}dS$$

der Flächeninhalt des durch die Projectionen von r und d S auf die xy-Ebene bestimmten Parallelogramms.

Wir erhalten also für die drei in die Richtung der drei Coordinatenachsen fallenden Componenten der von der magnetischen Fläche Ω herrührenden Wirkung die drei merkwürdigen Formeln.

$$X' = -\int^{(S)} \mathfrak{M} \, . \, \frac{\text{Flächeninhalt des Parallelogr.'s (Seiten } r_{yz}, dS_{yz})}{\text{Rauminhalt des Würfels} = r^3}$$

$$Y' = -\int^{(S)} \mathfrak{M} \, . \, \frac{\text{Flächeninhalt des Parallelogr.'s (Seiten } r_{xz}, dS_{xz})}{\text{Rauminhalt des Würfels} = r^3}$$

$$Z' = -\int^{(S)} \mathfrak{M} \, . \, \frac{\text{Flächeninhalt des Parallelogr.'s (Seiten } r_{xy}, dS_{xy})}{\text{Rauminhalt des Würfels} = r^3},$$

sowie nach pag. 55 für die in irgend eine Richtung S' fallende Componente:

$$\frac{dV}{dS'} = -\int^{(S)} \frac{\mathfrak{M}}{r^3}\Big[(x-x')\Big\{\frac{dy}{dS}\frac{dz'}{dS'}-\frac{dz}{dS}\frac{dy'}{dS'}\Big\}$$
$$+(y-y')\Big\{\frac{dz}{dS}\frac{dx'}{dS'}-\frac{dx}{dS}\frac{dz'}{dS'}\Big\}$$
$$+(z-z')\Big\{\frac{dx}{dS}\frac{dy'}{dS'}-\frac{dy}{dS}\frac{dx'}{dS'}\Big\}\Big]dS.$$

Wir können nun setzen

$$\frac{dV}{dS'}dS' = -\mathfrak{M}\int_{S=0}^{S=S}\frac{\text{Raum-Inhalt des Parallelopipeds (Kanten r, d S, d S')}}{r^3}$$

und erhalten hieraus durch Differentiation nach S

$$\frac{ddV}{dS\,dS'}dS'\,dS = -\mathfrak{M}\frac{\text{Raum-Inhalt des Parallelopipeds (r, dS, dS')}}{r^3}.$$

Lassen wir jetzt die x-Achse in r fallen und die xy-Ebene mit der durch r und dS bestimmten Ebene coincidiren, specialisiren wir endlich den Fall dahin, dass wir d S' zu jener Ebene normal nehmen, so folgt unmittelbar:

$$\frac{ddV}{dS\,dS'}dS'\,dS = -\mathfrak{M}\frac{dS'.\ \text{Parallelogramm (r, dS)}}{r^3}$$
$$= -\mathfrak{M}\frac{dS'\ r\ dS\ \sin(r, dS)}{r^3}$$
$$= -\mathfrak{M}\frac{dS'\ dS\ \sin(r, dS)}{rr}$$

Hier ist die rechte Seite bekanntlich nichts anderes als die Wirkung eines in d S circulirenden galvanischen Stromes auf ein im Punkte x' y' z' befindliches magnetisches Theilchen, wenn wir $\mathfrak{M}$ als die Intensität des

Stromes interpretiren, in Stromeinheiten durch die Wirkung auf ein magnetisches Theilchen gemessen. Integriren wir also beiderseits über die geschlossene Curve S, nachdem wir vorher durch dS' dividirt, so ergibt sich:

Ein in einer geschlossenen Curve S *circulirender constanter galvanischer Strom übt auf ein magnetisches Theilchen dieselbe Wirkung aus, wie eine von jener Curve* S *begränzte magnetische Fläche.*

Lassen wir dS' in die Ebene von r und dS fallen, so folgt unmittelbar:

$$\frac{ddV}{dS\,dS'} = 0. \quad \text{D. h.:}$$

Die Resultirende der vom Stromelemente dS *ausgehenden Wirkung auf einen in der Entfernung* r *befindlichen Punkt ist stets normal zu der durch* r *und* dS *bestimmten Ebene.*

Bezeichnen wir diese Normale mit N', so ist also die Resultirende:

$$\frac{ddV}{dS\,dN'}\,dS = -\frac{\mathfrak{M}}{rr}\sin(r, dS)\,.\,dS.$$

Um die in die Richtung σ' fallende Componente zu erhalten, multipliciren wir mit dem Cosinus des Winkels zwischen N' und σ', d. h. mit $\frac{dN'}{d\sigma'}$ und erhalten so:

$$\frac{ddV}{dS\,dN'}\,dS\,\frac{dN'}{d\sigma'} = -\frac{\mathfrak{M}}{rr}\sin(r, dS)\,.\,dS\,\frac{dN'}{d\sigma'}$$

oder

$$\frac{ddV}{dS\,dN'}\,dS\,\frac{dN'}{d\sigma'}\,d\sigma' = -\frac{\mathfrak{M}}{rrr}\,r\sin(r, dS)\,.\,dS\,\frac{dN'}{d\sigma'}\,d\sigma'$$

wo wir rechter Hand noch Zähler und Nenner mit r multiplicirt haben. Nun bedeutet $\frac{dN'}{d\sigma'}\,d\sigma'$ die Höhe des durch r, dS, $d\sigma'$ bestimmten Parallelopipeds, wir haben also

$$\frac{ddV}{dS\,dN'}\,dS\,.\,\frac{dN'}{d\sigma'} =$$

$$= -\frac{\mathfrak{M}}{r^3}\,\frac{\text{Raum-Inhalt des Parallelopipeds }(r, dS, d\sigma')}{d\sigma'}$$

D. h. *Die in eine beliebige Richtung* σ' *fallende Componente der Wirkung eines Stromelementes* dS *auf ein in der Entfernung* r *befindliches magnetisches Theilchen ist darstellbar mit Hilfe des Rauminhaltes des durch die Linien* dS, r, $d\sigma'$ *als Kanten bestimmten Parallelopipedes.* —

XII. Ueber die Verschlingungen und Verknotungen räumlicher Curven mit sich selbst.

Kehren wir wieder zu unserem, die Umschlingungen zweier räumlicher Curven zählenden Doppelintegrale zurück.

Nehmen wir an, die Curven S und S' seien einander congruent und parallel, so behält unser Integral

$$-\int^{(S)}\int^{(S')}\frac{\text{Raum-Inhalt des Parallelopipeds }(r\,,d\,S\,,d\,S')}{r^3},$$

so lange beide Curven sich in endlicher Entfernung befinden, jedes Falles seine bestimmte Bedeutung.

Da nämlich dann r von Null verschieden bleibt, bleibt die zu integrirende Function jedes Falles endlich. Ferner verschwinden nur diejenigen Glieder unter dem Integrale, für welche die Elemente d S d S' einander parallel sind, bei welchen also r dS dS' in einer Ebene liegen, mithin der Rauminhalt des aus diesen drei Linien gebildeten Parallelopipeds der Null gleich wird.

Man erkennt dies sofort, wenn man beide Curven S und S' als Polygone mit den Seiten d S und d S' betrachtet.

Bestehe z. B. die Curve S aus den Seiten $dS_1\ dS_2\ dS_3\ldots$, die Curve S' aus den, diesen successive parallelen Seiten $dS_1'\ dS_2'\ dS_3'\ldots$, bezeichnen wir allgemein mit r_{mn} die Entfernung von $d\,S'_m$ nach $d\,S_n$, so erhalten wir für das über beide Curven erstreckte Doppelintegral die Summe

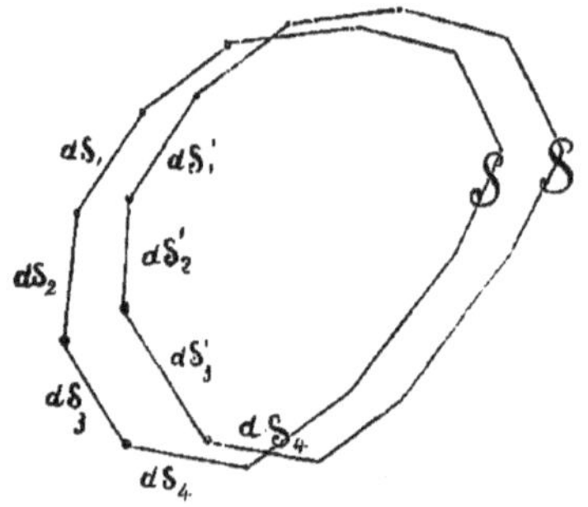

$$-\frac{\text{R.-Inh. Parallelopiped }(d\,S_1',d\,S_1,r_{11})}{r_{11}^3}$$

$$-\frac{\text{R.-Inh. Parallelopiped }(d\,S_1',d\,S_2,r_{12})}{r_{12}^3}$$

$$-\frac{\text{R.-Inh. Parallelopiped }(d\,S_1',d\,S_3,r_{13})}{r_{13}^3}$$

$-$ etc.

$$- \frac{\text{R.-Inh. Parallelopiped } (dS_2', dS_1, r_{21})}{r_{21}^3}$$

$$- \frac{\text{R.-Inh. Parallelopiped } (dS_2', dS_2, r_{22})}{r_{22}^3}$$

$$- \text{etc.}$$

und hier verschwinden alle diejenigen Terme, bei welchen d S und d S' einander parallel sind, der Inhalt des Parallelopipedes also auf Null sich reducirt. So verschwinden also jedes Falles die Glieder, bei welchen d S und d S' denselben unteren Index besitzen. Eine gewisse Anzahl von Gliedern wird stets von Null verschieden sein und es wird ihre Summe, d. i. jenes, über beide Curven erstreckte Doppelintegral, einen bestimmten Werth besitzen.

Dies ermöglicht, die Anzahl der Verschlingungen und Verknotungen einer Curve mit sich selbst zu zählen, wenn wir uns die Curve aus zwei einander beliebig nahe, jedoch in endlicher Entfernung befindlichen congruenten Curven bestehend denken.

Den fundamentalen Fall bildet hier eine einfach in sich zurücklaufende Schraubenlinie.

Die zu einer solchen als ihrer Begränzungscurve gehörige Fläche zeigt die Figur: dieselbe besteht aus zwei Blättern, welche in einem Punkte zu-

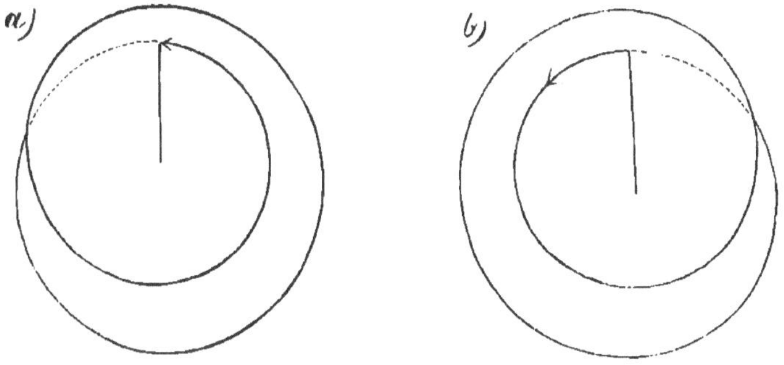

sammenhängen, im übrigen aber sich frei durchsetzend in einander übergehen.

Nach Riemann würden wir diese Fläche und jede andere, welche aus einer Anzahl von in einem oder mehreren Punkten zusammenhängenden Blättern besteht, Windungsfläche, diese Punkte aber, um deren jeden sich also zwei oder mehrere Blätter einer Windungsfläche als um einen ihnen allen gemeinsamen gruppiren, Windungspunkte nennen. Wir legen einem solchen Punkte allgemein die Ordnungszahl n bei, wenn die Anzahl der in ihm zusammenhängenden Blätter n + 1 ist.

In dem oben angeführten fundamentalen Falle ist der Punkt, in welchem die beiden Blätter der Fläche zusammenhängen, also ein Windungspunkt erster Ordnung.

Denken wir uns nun die Begränzungscurve dieser einfachen Windungsfläche aus zwei congruenten und parallelen Curven S und S' bestehend, so erkennen wir, dass die Curve S' die zu S gehörige Fläche einmal — in positivem oder negativem Sinne — durchsetzt, dass also der Werth unseres über beide Curven erstreckten Doppelintegrales

$$-\int^{(S)}\int^{(S')}\frac{\text{Raum-Inhalt des Parallelopipeds } (r, dS, dS')}{r^3}$$

gleich

$$\pm 4\pi$$

ist, $+4\pi$ im Falle der Figur a), -4π im Falle der Figur b).

Dieser Integralwerth ergibt sich auch schon aus der Thatsache, dass zwei in angegebener Weise schraubenförmig gewundene Curven eine einfache Verschlingung mit einander eingehen.

Bei einer doppelt gewundenen, in sich verlaufenden Schraubenlinie besteht die zugehörige Windungsfläche aus drei Blättern, welche in einem

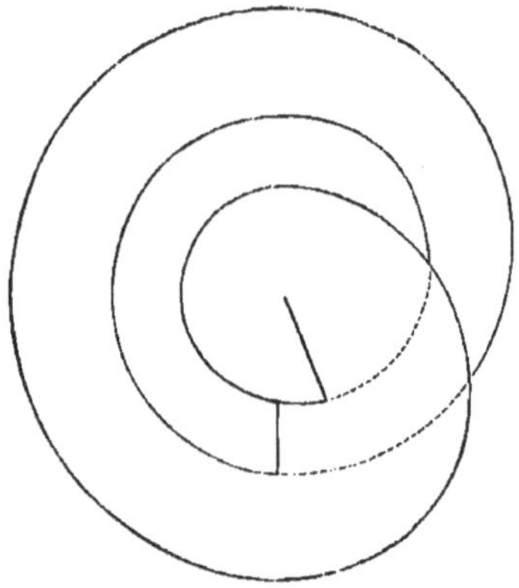

Punkte — hier also einem Windungspunkte zweiter Ordnung — zusammenhängen. Die Anzahl der Flächendurchsetzungen ist in diesem Falle gleich zwei, der Werth des Doppelintegrales also

$$\pm 2 \,.\, 4\pi,$$

da die Durchsetzungen entweder alle positiv oder alle negativ sind.

Den ferneren Fällen 3-, 4-, ... n-fach gewundener in sich verlaufender Schraubenlinien entsprechen Flächen, welche resp. aus 4, 5, ... n + 1 Blättern bestehen, die je in Windungspunkten resp. 3., 4., ... n^{ter} Ordnung zusammenhängen. Die entsprechenden Integralwerthe sind also beziehungsweise

$$\pm 3 \,.\, 4\pi, \;\pm 4 \,.\, 4\pi, \ldots \pm n \,.\, 4\pi.$$

Nach Allem können wir also folgenden allgemeinen Satz aussprechen: *Der Werth des Doppelintegrales*

$$-\int^{(S)}\int^{(S')}\frac{\text{Raum-Inhalt des Parallelopipeds } (r, dS, dS')}{r^3}$$

bezogen auf eine beliebige Doppelcurve, welche in einer Riemann'schen Fläche einen Windungspunkt völlig umschliesst, ist gleich $\pm 4\pi$, *multiplicirt in die Ordnungszahl des Windungspunktes.* —

In anderer Auffassung können wir die einfach in sich verlaufende Schraubenlinie ansehen als den einfachsten Fall einer Curvenverknotung.

Nach dieser Richtung weiter gehend, kommen wir zunächst zu dem gewöhnlichen Knoten. Die Fläche, als deren Begränzung die verknotete Curve S anzusehen ist, wird hier die nachstehende Gestalt haben.

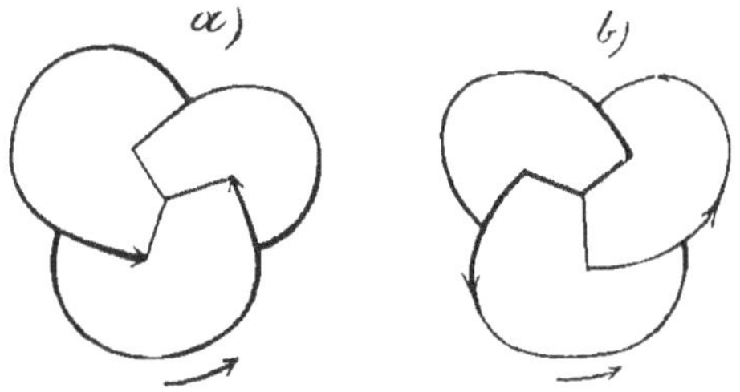

Denken wir uns auch hier die Curve S in angegebener Weise doppelt — aus den beiden congruenten und parallelen Curven S und S' bestehend —,

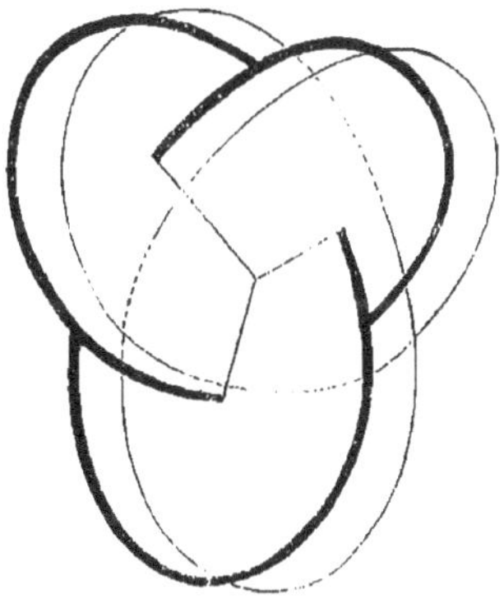

so ist ersichtlich, dass S' die Fläche der Curve S dreimal in gleichem Sinne durchsetzt, dass also der Werth unseres Doppelintegrales gleich

$$\pm 3 \,.\, 4\pi$$

ist. Hier haben wir das Plus-Zeichen im Falle der Figur a) — wo die Durchsetzungen von oben nach unten stattfinden —, das Minuszeichen im Falle der Figur b) — wo die Durchsetzungen von unten nach oben vor sich gehen — zu setzen.

Ist der Knoten doppelt, so besitzt die zur Curve S gehörige Fläche die nebenstehende Gestalt, — die Curve bildet dann ein krummliniges Pentagramm, — und es durchsetzt dann S' die Fläche von S fünfmal in gleichem Sinne.

Der Werth des Doppelintegrales ist also dann

$$+ 5 . 4\pi.$$

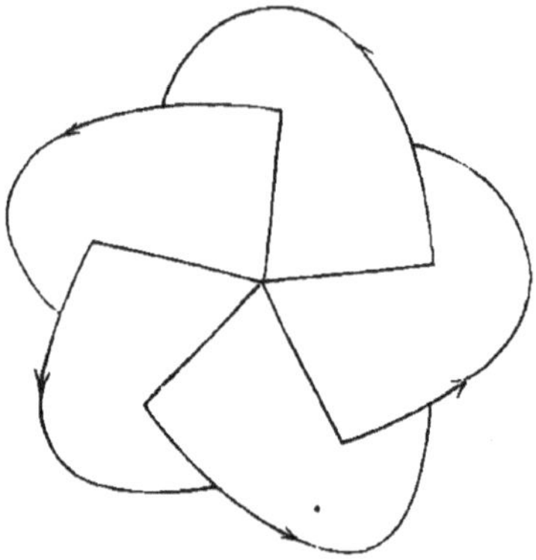

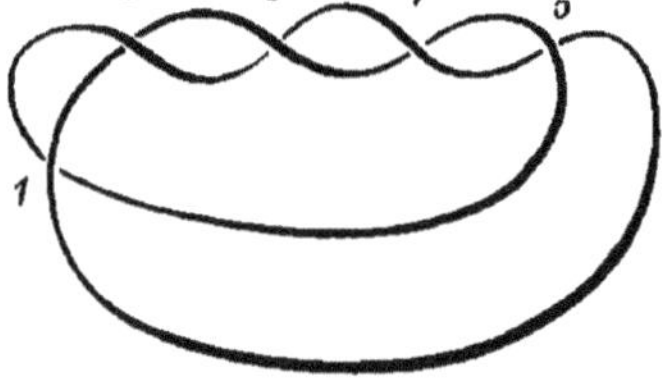

Ist die Verknotung dreifach, ist die Gestalt der zu S gehörigen Fläche so die nachstehende, so nimmt der Werth des Integrales, wie sofort zu ·hen, abermals um $2 . 4\pi$ zu, er wird also gleich

$$\pm 7 . \pi.$$

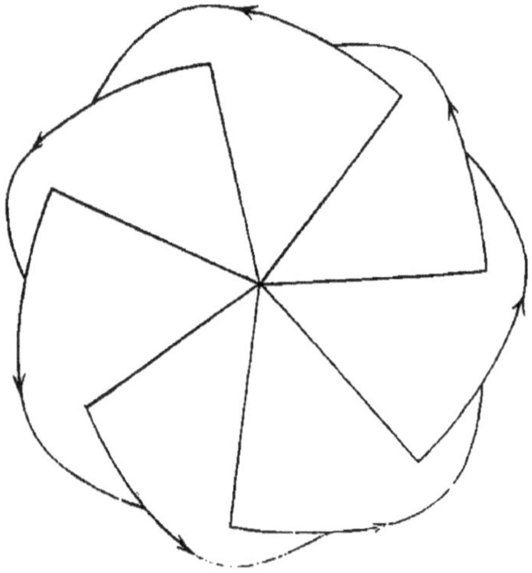

Allgemein ist unser Doppelintegral bei n-facher Verknotung der Curve gleich

$$\pm (2\,n + 1) \,.\, 4\,\pi$$

und es ist $2\,n + 1$ *die Anzahl der bei der Verknotung stattfindenden nicht*

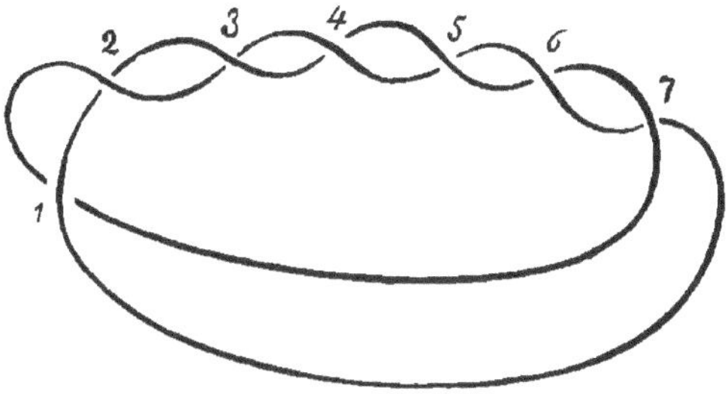

reducirbaren Durchkreuzungen der Curve mit sich selbst, wenn wir uns dieselbe in einer Ebene befindlich denken.

Geht eine Curve dieselbe Verknotung zweimal ein, so ist die Gestalt der Fläche eine andere, je nachdem beide Knoten getrennt von einander existiren, oder ob man die beiden Knoten über einander anzieht.

Findet z. B. ein einfacher Knoten zweimal statt, so ist im ersten Falle die Gestalt der Fläche die in Fig. a) b) c) abgebildete, im zweiten aber

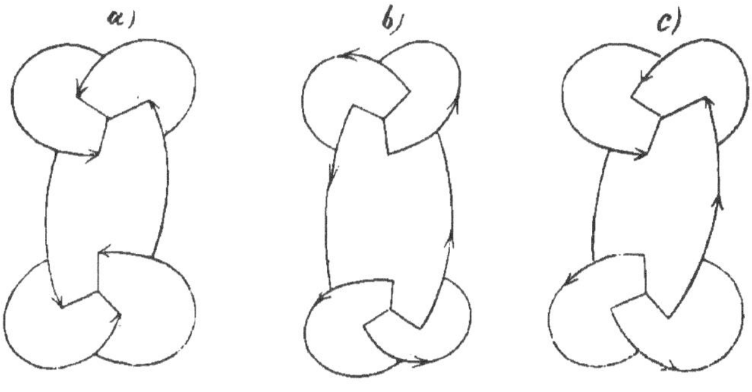

die in Fig. A) B) C). Im ersten Falle besitzt die Fläche also zwei, im zweiten nur einen Windungspunkt, wenn wir so auch hier den Punkt bezeichnen, um welchen sich mehrere Flächentheile als um einen ihnen allen gemeinsamen Punkt gruppiren.

Der Werth des Integrales ist aber in beiden Fällen derselbe. In unserem Beispiel ist er gleich $6 \,.\, 4\pi$, im Falle a) A), wo zwei positiv gerichtete Knoten existiren; gleich $- 6 \,.\, 4\pi$ im Falle b) B), wo zwei negativ gerichtete Knoten vorhanden sind; gleich Null im Falle c) C), wo zwei entgegengesetzt gerichtete Knoten bestehen.

Bei zwei gleichen und gleichgerichteten Knoten verdoppelt sich also der bei einem Knoten stattfindende Integralwerth, während er = 0 wird, wenn die beiden Knoten einander gleich und entgegengesetzt gerichtet sind.

A)

B)

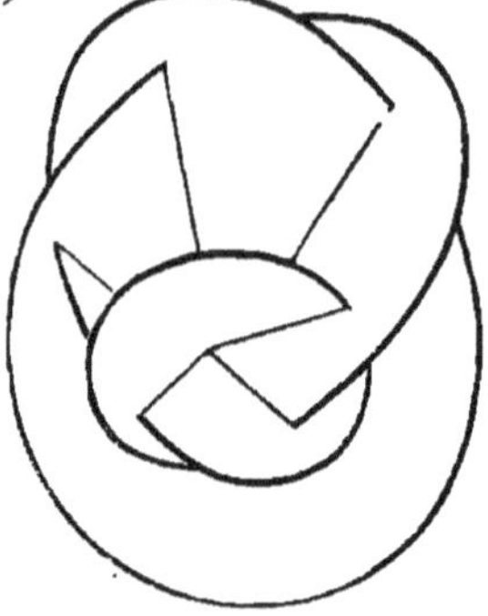

C)

Hiernach ist unmittelbar klar, wie sich das Resultat bei einer grösseren — geraden oder ungeraden — Anzahl gleicher oder ungleicher Knoten je nach der Richtung derselben gestaltet.

Es zählt also in diesen Fällen unser Doppelintegral gewissermassen

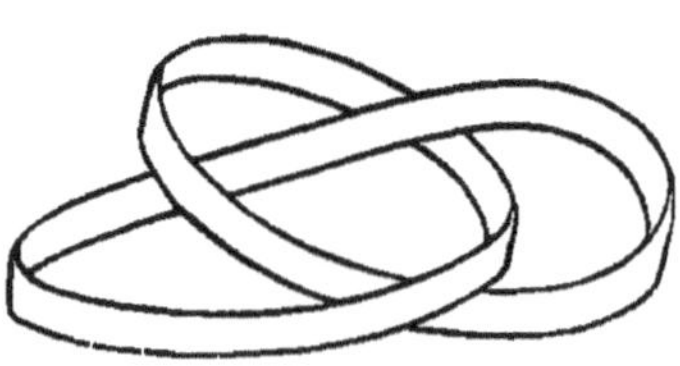

die Verknotungen eines Bandes, wenn wir die Begränzungscurven des Bandes als die beiden Integrationscurven S und S' betrachten. —

Natürlich lassen sich noch andere Arten von Verknotungen einer Curve S mit sich selbst behandeln; doch werden hier die Betrachtungen leicht durch die Schwierigkeit, die zu der Curve gehörige Fläche zu construiren, ungleich complicirter. —

Die hier angewandten Methoden lassen sich verallgemeinern auf analoge Betrachtungen für einen Raum von mehreren Dimensionen. Die Resultate meiner Untersuchungen auf diesem Gebiete hoffe ich bei anderer Gelegenheit mittheilen zu können.

www.ingramcontent.com/pod-product-compliance
Lightning Source LLC
Chambersburg PA
CBHW020244090426
42735CB00010B/1832
* 9 7 8 3 7 4 3 6 9 4 6 6 8 *